MANNING

Kafka Streams 实战

Kafka
Streams
IN ACTION

U0336228

［美］小威廉・P. 贝杰克（William P. Bejeck Jr.） 著

牟大恩 译

人民邮电出版社

北 京

图书在版编目（CIP）数据

Kafka Streams实战 / （美）小威廉 • P. 贝杰克
(William P. Bejeck) 著；牟大恩译. -- 北京 ：人民
邮电出版社，2019.5
　书名原文：Kafka Streams in Action
　ISBN 978-7-115-50739-6

　Ⅰ. ①K… Ⅱ. ①小… ②牟… Ⅲ. ①分布式操作系统
Ⅳ. ①TP316.4

中国版本图书馆CIP数据核字(2019)第022454号

版 权 声 明

◆ 著　　　　[美] 小威廉 • P. 贝杰克（William P. Bejeck Jr.）

　　译　　　　牟大恩

　　责任编辑　杨海玲

　　责任印制　焦志炜

◆ 人民邮电出版社出版发行　　北京市丰台区成寿寺路 11 号

　　邮编　100164　电子邮件　315@ptpress.com.cn

　　网址　http://www.ptpress.com.cn

　　大厂聚鑫印刷有限责任公司印刷

◆ 开本：800×1000　1/16

　　印张：16

　　字数：344 千字　　　　　　　2019 年 5 月第 1 版

　　印数：1 – 3 000 册　　　　　　2019 年 5 月河北第 1 次印刷

　　著作权合同登记号　图字：01-2018-7736 号

定价：69.00 元

读者服务热线：（010）81055410　印装质量热线：（010）81055316
反盗版热线：（010）81055315
广告经营许可证：京东工商广登字 20170147 号

内容提要

    Kafka Streams 是 Kafka 提供的一个用于构建流式处理程序的 Java 库,它与 Storm、Spark 等流式处理框架不同,是一个仅依赖于 Kafka 的 Java 库,而不是一个流式处理框架。除 Kafka 之外,Kafka Streams 不需要额外的流式处理集群,提供了轻量级、易用的流式处理 API。

    本书包括 4 部分,共 9 章,从基础 API 到复杂拓扑的高级应用,通过具体示例由浅入深地详细介绍了 Kafka Streams 基础知识及使用方法。本书的主要内容包含流式处理发展历程和 Kafka Streams 工作原理的介绍,Kafka 基础知识的介绍,使用 Kafka Streams 实现一个具体流式处理应用程序(包括高级特性),讨论状态存储及其使用方法,讨论表和流的二元性及使用场景,介绍 Kafka Streams 应用程序的监控及测试方法,介绍使用 Kafka Connect 将现有数据源集成到 Kafka Streams 中,使用 KSQL 进行交互式查询等。

    本书适合使用 Kafka Streams 实现流式处理应用的开发人员阅读。

中文版序

当我在 2015 年从领英的流数据架构组离职加入 Confluent 的时候，与 Jay 和 Neha 两人有过一次长时间的交流。当时公司刚刚成立，一切都还是从零起步。Jay 问我，接下来想要开展哪些工作，我回答说，我已经在流式存储层面，也就是 Kafka Core 做了两年多的时间，接下来我的兴趣是在存储上，也就是计算层面寻求一些新的挑战。大数据这个提法叫了这么多年了，可是一直以来我们都致力在数据的大规模（volume）上，比如数据系统的可延展性等；我觉得接下来大数据的趋势会向第二个"V"，也就是快速率（velocity）发展，因为越来越多的人已经不满意批处理带来的时间延迟，他们需要的是就在下一秒，从收集的数据中获得信息，产生效益。

所以，接下来我想做流式数据处理。这个想法和他们一拍即合，从那时候开始我投入到 Kafka Streams 的开发中来。

从写下第一行 Kafka Streams 的代码到今天已经快 4 年的时间了，在这期间我有幸目睹了流式数据处理和流事件驱动架构在硅谷的互联网行业，进而在全世界的各个商业领域中突飞猛进的发展。越来越多的人开始从请求/响应以及批处理的应用编程模式向流式处理转移，越来越多的企业开始思考实时计算如何能够给他们的产品或者服务带来信息收益，而 Apache Kafka 作为当今流数据平台的事实标准，正在被越来越多的人注意和使用。而 Kafka Streams 作为 Apache Kafka 项目下原生的流式处理库，也越来越多地被投入到生产环境中，并且得到了大量社区贡献者的帮助。这对我本人而言，是莫大的喜悦和欣慰。

在今年上半年，我的同事 Bill Bejeck 完成了这本《Kafka Streams 实战》，本书是 Bill 通过总结自身开发并维护真实生产环境下的 Kafka Streams 的经验完成的，对于想要学习并掌握 Kafka Streams 以及流事件驱动架构的读者来说是最好的方式之一。本书的译者牟大恩对 Kafka 源代码了解颇深，此前已著有《Kafka 入门与实践》一书，我相信一定能够准确还原 Bill 在书中想要带给大家的关于流式数据处理应用实践的思维模式。

祝各位读者在探索 Kafka Streams 的路上不断有惊喜的发现！

——王国璋（Guozhang Wang）
Confluent 流数据处理系统架构师
Apache Kafka PMC，Kafka Streams 作者之一

译者序

Kafka 在 0.10 版本中引入了 Kafka Streams，它是一个轻量级、简单易用的基于 Kafka 实现的构建流式处理应用程序的 Java 库。虽然它只是一个 Java 库，但具备了流式处理的基本功能，同时它利用 Kafka 的分区特性很容易实现透明的负载均衡以及水平扩展，从而达到高吞吐量。

一年前我在写《Kafka 入门与实践》一书时，用了专门一章讲解 Kafka Streams，由于那是一本关于 Kafka 的书，因此对 Kafka Streams 的讲解并没有面面俱到。巧合的是，本书作为一本关于 Kafka Streams 的书，也是用专门一章来介绍 Kafka。就我个人而言，我觉得这两本书中的内容在某种程度上可以互为补充，大家可以根据自己的偏好选择适合自己的 Kafka 书籍。

我很荣幸有机会翻译本书。通过翻译本书，无论是 Kafka Streams 知识本身还是本书作者的写作编排方式，都使我收获颇多。Kafka Streams 的诸多设计优点在本书中都有详细介绍，并结合具体示例对相关 API 进行讲解。本书通过模拟近乎真实的场景，从场景描述开始，逐步对问题进行剖析，然后利用 Kafka Streams 解决问题。阅读本书，读者不仅能够全面掌握 Kafka Streams 相关的 API，而且能够轻松学会如何使用 Kafka Streams 解决具体问题。

在翻译本书的过程当中，我理解最深的是，国外的技术书籍不是直接给出解决问题的完整代码，而是在场景描述、问题分析、技术选型等方面给予更多的篇幅，这种方式更能够帮助读者真正深入地掌握相关技术的要领，正所谓"授人以鱼，不如授人以渔"。

在此特别感谢人民邮电出版社的杨海玲编辑及其团队，正是他们一丝不苟、认真专业的工作态度，才使本书得以圆满完成。借此机会，我还要感谢我公司信息技术部副总经理、开发中心总经理王洪涛和部门经理熊友根对我的培养，以及同事给予我的帮助。同时还要感谢我的妻子吴小华，姐姐屈海林、尚立霞，妹妹石俊豪，感谢她们在我翻译本书时对我和我儿子的照顾，正是有了她们的帮助，才使我下班回到家时可以全身心投入到翻译工作中。同时，将本书送给我的宝贝儿子牟经纬，作为宝宝周岁的生日礼物，祝他健康、苗壮成长！

虽然在翻译过程中我力争做到"信、达、雅"，但本书许多概念和术语目前尚无公认的中文翻译，加之译者水平有限，译文中难免有不妥或错误之处，恳请读者批评指正。

牟大恩
2018 年 10 月

译者简介

牟大恩，武汉大学硕士研究生毕业，曾先后在网易杭州研究院、掌门科技、优酷土豆集团担任高级开发工程师和资深开发工程师职务，目前就职于海通证券总部。有多年的 Java 开发及系统设计经验，专注于互联网金融及大数据应用相关领域。著有《Kafka 入门与实践》，已提交技术发明专利两项，发表论文一篇。

序

我相信以实时事件流和流式处理为中心的架构将在未来几年变得无处不在。像 Netflix、Uber、Goldman Sachs、Bloomberg 等技术先进的公司已经建立了这种大规模运行的大型事件流平台。虽然这是一个大胆的断言，但我认为流式处理和事件驱动架构的出现将会对公司如何使用数据产生与关系数据库同样大的影响。

如果你还处在请求/响应风格的应用程序以及使用关系型数据库的思维模式，那么围绕流式处理的事件思维和构建面向事件驱动的应用程序需要你改变这种思维模式，这就是本书的作用所在。

流式处理需要从命令式思维向事件思维的根本性转变——这种转变使响应式的、事件驱动的、可扩展的、灵活的、实时的应用程序成为可能。在业务中，事件思维为组织提供了实时、上下文敏感的决策和操作。在技术上，事件思维可以产生更多自主的和解耦的软件应用，从而产生伸缩自如和可扩展的系统。

在这两种情况下，最终的好处是更大的敏捷性——在业务以及促进业务的技术方面。将事件思维应用于整个组织是事件驱动架构的基础，而流式处理是实现这种转换的技术。

Kafka Streams 是原生的 Apache Kafka 流式处理库，它用 Java 语言实现，用于构建事件驱动的应用程序。使用 Kafka Streams 的应用程序可以对数据流进行复杂转换，这些数据流能够自动容错，透明且弹性地分布在应用程序的实例上。自 2016 年在 Apache Kafka 的 0.10 版本中首次发布以来，许多公司已经将 Kafka Streams 投入生产环境，这些公司包括 P 站（Pinterest）、纽约时报（The New York Times）、拉博银行（Rabobank）、连我（LINE）等。

我们使用 Kafka Streams 和 KSQL 的目标是使流式处理足够简单，并使流式处理成为构建响应事件的事件驱动应用程序的自然方式，而不仅是处理大数据的一个重量级框架。在我们的模型中，主要实体不是用于数据处理的代码，而是 Kafka 中的数据流。

这是了解 Kafka Streams 以及 Kafka Streams 如何成为事件驱动应用程序的关键推动者的极好方式。我希望你和我一样喜欢本书！

——Neha Narkhede
Confluent 联合创始人兼首席技术官
Apache Kafka 联合创作者

前言

在我作为软件开发人员期间，我有幸在一些令人兴奋的项目上使用了当前软件。起初我客户端和后端都做，但我发现我更喜欢后端开发，因此我扎根于后端开发。随着时间的推移，我开始从事分布式系统相关的工作，从 Hadoop 开始（那时还是在 1.0 版本之前）。快进到一个新项目，我有机会使用了 Kafka。我最初的印象是使用 Kafka 工作起来非常简单，也带来很多的强大功能和灵活性。我发现越来越多的方法将 Kafka 集成到交付项目数据中。编写生产者和消费者的代码很简单，并且 Kafka 提升了系统的性能。

然后我学习 Kafka Streams 相关的内容，我立刻意识到："我为什么需要另一个从 Kafka 读取数据的处理集群，难道只是为了回写？"当我查看 API 时，我找到了我所需的流式处理的一切——连接、映射值、归约以及分组。更重要的是，添加状态的方法比我在此之前使用过的任何方法都要好。

我一直热衷于用一种简单易懂的方式向别人解释概念。当我有机会写关于 Kafka Streams 的书时，我知道这是一项艰苦的工作，但是很值得。我希望为本书付出的辛勤工作能证明一个事实，那就是 Kafka Streams 是一个简单但优雅且功能强大的执行流式处理的方法。

资源与支持

本书由异步社区出品，社区（https://www.epubit.com/）为您提供相关资源和后续服务。

配套资源

本书提供源代码下载，要获得以上配套资源，请在异步社区本书页面中点击 配套资源 ，跳转到下载界面，按提示进行操作即可。注意：为保证购书读者的权益，该操作会给出相关提示，要求输入提取码进行验证。

提交勘误

作者和编辑尽最大努力来确保书中内容的准确性，但难免会存在疏漏。欢迎您将发现的问题反馈给我们，帮助我们提升图书的质量。

当您发现错误时，请登录异步社区，按书名搜索，进入本书页面，点击"提交勘误"，输入勘误信息，点击"提交"按钮即可。本书的作者和编辑会对您提交的勘误进行审核，确认并接受后，您将获赠异步社区的 100 积分。积分可用于在异步社区兑换优惠券、样书或奖品。

扫码关注本书

扫描下方二维码，您将会在异步社区微信服务号中看到本书信息及相关的服务提示。

与我们联系

我们的联系邮箱是 contact@epubit.com.cn。

如果您对本书有任何疑问或建议，请您发邮件给我们，并请在邮件标题中注明本书书名，以便我们更高效地做出反馈。

如果您有兴趣出版图书、录制教学视频，或者参与图书翻译、技术审校等工作，可以发邮件给我们；有意出版图书的作者也可以到异步社区在线提交投稿（直接访问 www.epubit.com/selfpublish/submission 即可）。

如果您是学校、培训机构或企业，想批量购买本书或异步社区出版的其他图书，也可以发邮件给我们。

如果您在网上发现有针对异步社区出品图书的各种形式的盗版行为，包括对图书全部或部分内容的非授权传播，请您将怀疑有侵权行为的链接发邮件给我们。您的这一举动是对作者权益的保护，也是我们持续为您提供有价值的内容的动力之源。

关于异步社区和异步图书

"异步社区"是人民邮电出版社旗下 IT 专业图书社区，致力于出版精品 IT 技术图书和相关学习产品，为作译者提供优质出版服务。异步社区创办于 2015 年 8 月，提供大量精品 IT 技术图书和电子书，以及高品质技术文章和视频课程。更多详情请访问异步社区官网 https://www.epubit.com。

"异步图书"是由异步社区编辑团队策划出版的精品 IT 专业图书的品牌，依托于人民邮电出版社近 30 年的计算机图书出版积累和专业编辑团队，相关图书在封面上印有异步图书的 LOGO。异步图书的出版领域包括软件开发、大数据、AI、测试、前端、网络技术等。

异步社区

微信服务号

致谢

首先，我要感谢我的妻子 Beth，感谢她在这一过程中给予我的支持。写一本书是一项耗时的任务，没有她的鼓励，这本书就不会完成。Beth，你太棒了，我很感激你能成为我的妻子。我也要感谢我的孩子们，他们在大多数周末都忍受整天坐在办公室里的爸爸，当他们问我什么时候能写完的时候，我总模糊地回答"很快"。

接下来，我要感谢 Kafka Streams 的核心开发者 Guozhang Wang、Matthias Sax、Damian Guy 和 Eno Thereska。如果没有他们卓越的洞察力和辛勤的工作，就不会有 Kafka Streams，我也就没机会写这个颠覆性的工具。

感谢本书的编辑，Manning 出版社的 Frances Lefkowitz，她的专业指导和无限的耐心让写书变得很有趣。我还要感谢 John Hyaduck 提供的准确的技术反馈，以及技术校对者 Valentin Crettaz 对代码的出色审查。此外，我还要感谢审稿人的辛勤工作和宝贵的反馈，正是他们使本书更高质量地服务于所有读者，这些审稿人是 Alexander Koutmos、Bojan Djurkovic、Dylan Scott、Hamish Dickson、James Frohnhofer、Jim Manthely、Jose San Leandro、Kerry Koitzsch、László Hegedüs、Matt Belanger、Michele Adduci、Nicholas Whitehead、Ricardo Jorge Pereira Mano、Robin Coe、Sumant Tambe 和 Venkata Marrapu。

最后，我要感谢 Kafka 的所有开发人员，因为他们构建了如此高质量的软件，特别是 Jay Kreps、Neha Narkhede 和 Jun Rao，不仅是因为他们当初开发了 Kafka，也因为他们创办了 Confluent 公司——一个优秀而鼓舞人心的工作场所。

关于作者

William P. Bejeck Jr.（本名 Bill Bejeck），是 Kafka 的贡献者，在 Confluent 公司的 Kafka Streams 团队工作。他已从事软件开发近 15 年，其中有 6 年专注于后端开发，特别是处理大量数据，并在数据提炼团队中，使用 Kafka 来改善下游客户的数据流。他是 *Getting Started with Google Guava*（Packt，2013）的作者和"编码随想"（Random Thoughts on Coding）的博主。

关于本书

我写本书的目的是教大家如何开始使用 Kafka Streams，更确切地说，是教大家总体了解如何进行流式处理。我写这本书的方式是以结对编程的视角，我假想当你在编码和学习 API 时，我就坐在你旁边。你将从构建一个简单的应用程序开始，在深入研究 Kafka Streams 时将添加更多的特性。你将会了解到如何对 Kafka Streams 应用程序进行测试和监控，最后通过开发一个高级 Kafka Streams 应用程序来整合这些功能。

读者对象

本书适合任何想要进入流式处理的开发人员。虽然没有严格要求，但是具有分布式编程的知识对理解 Kafka 和 Kafka Streams 很有帮助。Kafka 本身的知识是有用的，但不是必需的，我将会教你需要知道的内容。经验丰富的 Kafka 开发人员以及 Kafka 新手将会学习如何使用 Kafka Streams 开发引人注目的流式处理应用程序。熟悉序列化之类的 Java 中、高级开发人员将学习如何使用这些技能来构建 Kafka Streams 应用程序。本书源代码是用 Java 8 编写的，大量使用 Java 8 的 lambda 语法，因此具有 lambda（即使是另一种开发语言）程序的开发经验会很有帮助。

本书组织结构：路线图

本书有 4 部分，共 9 章。第一部分介绍了一个 Kafka Streams 的心智模型，从宏观上向你展示它是如何工作的。以下章节也为那些想学习或想回顾的人提供了 Kafka 的基础知识。

- 第 1 章介绍流式处理如何以及为何成为处理大规模实时数据的必需方式的历史，并提出 Kafka Streams 的心智模型，没有详细介绍任何代码，而是描述 Kafka Streams 是如何工作的。
- 第 2 章为 Kafka 新手介绍一些 Kafka 入门知识。Kafka 经验丰富的读者可以跳过这一章，直接进入 Kafka Streams。

第二部分继续讨论 Kafka Streams，从基础 API 开始，一直到更复杂的特性，第二部分各章介绍如下。

- 第 3 章介绍一个 Hello World 应用程序，然后介绍一个更实际的应用程序示例——为虚构的零售商开发应用程序，包括高级特性。
- 第 4 章讨论状态，并解释流式应用程序有时是如何需要状态的。同时读者还将了解如何实现状态存储以及如何在 Kafka Streams 中执行连接。
- 第 5 章讨论表和流的二元性，并引入一个新概念——KTable。KStream 是事件流，而 KTable 是相关事件的流或者更新流。
- 第 6 章介绍低阶处理器 API。到此时，一直使用的是高阶 DSL，但是在这里，读者将学习如何在编写应用程序的自定义部分时使用处理器 API。

第三部分将从开发 Kafka Streams 应用程序转到对 Kafka Streams 的管理知识的讨论。

- 第 7 章介绍如何监控 Kafka Streams 应用程序，以查看处理记录所需要的时间以及定位潜在的处理瓶颈。
- 第 8 章介绍如何测试 Kafka Streams 应用程序。读者将学习如何对整个拓扑进行测试，对单个处理器进行单元测试，以及使用嵌入式 Kafka 代理进行集成测试。

第四部分是本书的压轴部分，在这里你将深入研究使用 Kafka Streams 开发高级应用程序。

- 第 9 章介绍使用 Kafka Connect 将现有的数据源集成到 Kafka Streams 中。你将会学习如何在流式应用程序中包括数据库表。然后你将看到数据在 Kafka Streams 中流动时如何使用交互式查询来提供可视化和仪表板应用程序，而无需关系型数据库。这一章还会介绍 KSQL，可以使用它在 Kafka 运行连续的查询，除了使用 SQL 之外并不需要编写任何代码。

关于代码

本书包含了很多源代码的例子，包括书中编号的代码清单所标明的代码，以及内联在普通文本中的代码。在这两种情况下，源代码都采用固定宽度字体的格式，以便与普通文本区分开。

在很多情况下，原始源代码已经被重新格式化了。我们增加了断行以及重新缩进，以适应书中可用的页面空间。在极少数情况下，甚至空间还不够，代码清单中包括续行标识（➡）。此外，当在文本中描述代码时，源代码中的注释常常从代码清单中删除。代码清单中附带的许多代码注释，突出显示重要的概念。

最后，需要注意的是：许多代码示例并不是独立存在的，它们只是包含当前讨论的最相关部分代码的节选。你在本书附带的源代码中将会找到所有示例的完整代码。

本书的源代码是使用 Gradle 工具构建的一个包括所有代码的项目。你可以使用合适的命令将项目导入 IntelliJ 或 Eclipse 中。在附带的 README.md 文件中可以找到使用和导航源代码的完整说明。

图书论坛

购买本书可以免费访问一个由 Manning 出版社运营的私人网络论坛，可以在论坛上对本书进行评论、咨询技术问题、接受本书作者或者其他用户的帮助。要访问该论坛，请访问 Manning 出版社官方网站本书页面。你还可以从 Manning 出版社官方网站了解更多关于 Manning 论坛及其行为规则。

Manning 的论坛承诺为我们的读者提供一个可以在读者之间，以及读者与作者之间进行有意义对话的地方，但并不承诺作者的参与程度，作者对论坛的贡献是自愿的（并没有报酬）。建议你试着问他一些有挑战性的问题，以免他对你的问题没有兴趣！只要本书在印刷中，论坛和之前所讨论的问题归档就会从出版社的网站上获得。

其他在线资源

- Apache Kafka 文档：见 Apache Kafka 官方网站。
- Confluent 文档：见 Confluent 官方网站。
- Kafka Streams 文档：见 Confluent 官方网站。
- KSQL 文档：见 Confluent 官方网站。

关于封面插图

　　本书封面上的图片描述的是"18 世纪一位土耳其绅士的习惯"，这幅插图来自 Thomas Jefferys 的 *A Collection of the Dresses of Different Nations, Ancient and Modern*（共 4 卷），于 1757 年和 1772 年之间出版于伦敦。扉页上写着：这些是手工着色的铜版雕刻品，用阿拉伯胶加深了颜色。Thomas Jefferys（1719—1771）被称为"乔治三世的地理学家"。他是一位英国制图师，是当时主要的地图供应商。他为政府和其他官方机构雕刻和印刷地图，制作了各种商业地图和地图集，尤其是北美地区的。作为一名地图制作者，他在所调查和绘制的地区激起了人们对当地服饰习俗的兴趣，这些都在这本图集中得到了很好的展示。向往远方、为快乐而旅行，在 18 世纪后期还是相对较新的现象，类似于这套服饰集的书非常受欢迎，把旅行者和神游的旅行者介绍给其他国家的居民。Jefferys 卷宗中绘画的多样性生动地说明了 200 多年前世界各国的独特性和个性。从那时起，着装样式已经发生了变化，各个国家和地区当时非常丰富的着装多样性也逐渐消失。现在仅依靠衣着很难把一个大陆的居民和另一个大陆的居民区分开来。或许我们已经用文化和视觉上的多样性换取了个人生活的多样化——当然是更为丰富和有趣的文化和艺术生活。

　　在一个很难将计算机书籍区分开的时代，Manning 以两个世纪以前丰富多样的地区生活为基础，通过以 Jefferys 的图片作为书籍封面来庆祝计算机行业的创造性和首创精神。

目录

第一部分

开启 Kafka Streams 之旅

在本书第一部分，我们将论述大数据时代的起源，以及它是如何从最初为了满足处理大量数据的需求，到最终发展成为流式处理——当数据到达时立即被处理。本部分还会讨论什么是 Kafka Streams，并向大家展示一个没有任何代码的"心智模型"[①]（mental model）是如何工作的，以便大家可以着眼于全局。我们还将简要介绍 Kafka，让大家快速了解如何使用它。

[①] 心智模型（mental model）又叫心智模式。心智模型的理论是基于一个试图对某事做出合理解释的个人会发展可行的方法的假设，在有限的领域知识和有限的信息处理能力上，产生合理的解释。心智模型是对思维的高级建构，心智模型表征了主观的知识。通过不同的理解解释了心智模型的概念、特性、功用。（引自百度百科）——译者注

第1章　欢迎来到 Kafka Streams

本章主要内容
- 了解大数据的发展是如何改变程序设计方式的。
- 了解流式处理是如何工作的以及我们为什么需要它。
- Kafka Streams 简介。
- 看看 Kafka Streams 能解决的问题。

在本书中，你将学习如何使用 Kafka Streams 来解决流式应用程序的需求问题。从基本的提取、转换、加载（ETL）到复杂的有状态转换再到连接记录，将会覆盖 Kafka Streams 的各组件，这样你就能够应对流应用程序中遇到的这些挑战。

在深入研究 Kafka Streams 之前，我们将简要地探索一下大数据处理的历史。当我们在确定问题和解决方案时，将会清楚地看到对 Kafka 和 Kafka Streams 的需求是如何演变的。让我们看看大数据时代是如何开始的，是什么导致了应用 Kafka Streams 的解决方案。

1.1　大数据的发展以及它是如何改变程序设计方式的

随着大数据框架和技术的出现，现代编程语言出现了爆炸式增长。当然，客户端开发经历了自身的转变，移动设备应用程序的数量也出现了爆炸式增长。但是，无论移动设备市场有多大，客户端技术如何革新，有一个不变的事实：我们每天需要处理的数据越来越多。随着数据量的增长，分析和利用这些数据带来的好处的需求也在同时增长。

然而，有能力批量处理大量数据（批处理）还不够。越来越多的组织机构发现它们需要在数据到达时就要对其进行处理（流式处理）。Kafka Streams 提供一种前沿的流式处理方式，它是一个对记录的每个事件进行处理的库。基于每个事件进行处理意味着每个单独的数据记录一到达就能够被及时处理，并不需要将数据分成小批量（微批处理）。

注意　当数据到达时即对其进行处理的需求变得越来越明显时，一种新的策略应运而生——微批处理。顾名思义，所谓微批处理也是批处理，只不过数据量更小。通过减少批尺寸，微批处理有时可以更快地产生结果；但是微批处理仍然是批处理，尽管间隔时间更短。它并不能真正做到对每个事件进行处理。

1.1.1　大数据起源

20 世纪 90 年代中期，互联网才开始真正影响人们的日常生活。从那时起，网络提供的互联互通给我们带来了前所未有的信息访问以及与世界任何地方的任何人即时沟通的能力。在所有这些互联互通访问过程中，一个意想不到的副产品出现了——大量数据的生成。

但在我看来，大数据时代正式始于 Sergey Brin 和 Larry Page 创立了谷歌公司的 1998 年。Sergey Brin 和 Larry Page 开发了一种新的网页搜索排名方法——PageRank 算法。在一个很高的层面上来说，PageRank 算法通过计算链接到网站的数量和质量来对该网站进行评级。该算法假定一个 Web 页面越重要或越相关，就会有越多的站点引用它。

图 1-1 提供了 PageRank 算法的图形化表示。

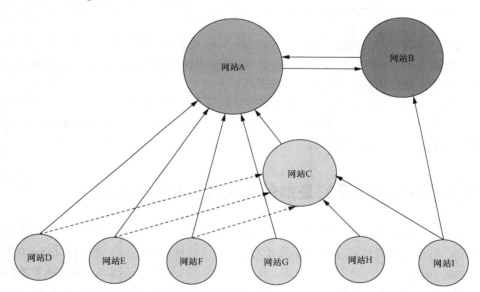

图 1-1　PageRank 算法应用。圆圈代表网站，其中较大的圆圈表示有更多的其他站点链接到它

- 网站 A 是最重要的，因为有最多引用指向它。
- 网站 B 有些重要，尽管没有很多引用指向它，但有一个重要网站指向它。
- 网站 C 没有网站 A 或网站 B 重要。虽然指向网站 C 的引用比指向网站 B 的多，但是这些引用的质量较低。
- 底部的网站（从 D 到 I）没有引用指向它们，这就使得这些网站的价值最小。

虽然图 1-1 是对 PageRank 算法的极度简化，但展示出该算法实现原理的基本思想。

当时，PageRank 是一种革命性的方法。以前，Web 上的搜索更倾向于使用布尔逻辑来返回结果。如果一个网站包含了你想要搜索的所有或大部分词条，那么这个网站就会出现在搜索结果中，而不管内容的质量如何。但在所有互联网内容上运行 PageRank 算法需要一种新的方法——传统的数据处理方法耗时太长。谷歌公司要生存和成长，就需要快速索引所有的内容（"快速"是一个相对的术语），并向公众展示高质量的结果。

谷歌公司为处理所有这些数据开发了另一种革命性的方法——MapReduce 范式。MapReduce 不仅使谷歌能够做一个公司需要的工作，而且无意中还催生了一个全新的计算产业。

1.1.2　MapReduce 中的重要概念

在谷歌公司开发 MapReduce 时，map 和 reduce 函数并不是什么新概念。谷歌方法的独特之处在于在许多机器上大规模地应用这些简单的概念。

MapReduce 的核心在于函数式编程。一个 map 函数接受一些输入，并在不改变原始值的情况下将这些输入映射到其他对象。下面是一个用 Java 8 实现的一个简单实例，该实例将一个 `LocalDate` 对象映射为一个字符串消息，而原始的 `LocalDate` 对象则不会被修改。代码片段如下：

```
Function<LocalDate, String> addDate =
        (date) -> "The Day of the week is " + date.getDayOfWeek();
```

尽管简单，但这个简短的例子足以展示出了一个映射函数是做什么的。

但 reduce 函数接受一组参数，并将这些参数归约成一个值或者归约后至少参数规模更小。取一组数字并将它们加在一起是一个 reduce 操作的很好例子。

对一组数字执行归约，首先要初始化一个起始值，本例将起始值设置为 0（加法的恒等值）。下一步是将起始值与数字列表中的第一个数相加，然后将第一步相加的结果与列表中的第二个数相加。函数重复执行这个过程，直到列表中最后一个数字，产生一个数值。

下面是归约处理一个包括整型数字 1、2、3 的列表的步骤，代码片段如下：

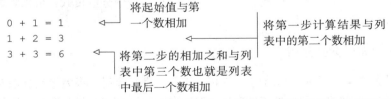

正如所看到的，reduce 函数将结果集合并在一起形成更小规模的结果集。与映射函数类似，reduce 函数也不会修改原始数字列表。

现在，让我们来看看如何使用 Java 8 的 lambda 表达式来实现这样一个简单的 reduce 函数，代码片段如下：

ation：

```
List<Integer> numbers = Arrays.asList(1, 2, 3);

int sum = numbers.reduce(0, (i, j) -> i + j );
```

由于本书的主要话题不是讲解 MapReduce，因此在这里对其背景不做探讨。但是，可以看到 MapReduce 范式（后来在 Hadoop 中实现了，最初的开源版本基于谷歌的 MapReduce 白皮书）引入的一些重要概念在 Kafka Streams 中依然适用。

- 如何在一个集群中分发数据以达到易处理的规模。
- 使用键/值对和分区将分布式数据分组在一起。
- 利用副本来容忍故障而不是避免故障。

接下来，将对这些概念做概括性的论述。需要注意的是，这些概念的介绍将会穿插在整本书当中，因此在下文它们会再次被提及。

1．在集群中分布数据以达到处理的规模

对一台机器来说，处理 5 TB（5000 GB）的数据可能是非常困难的。但是，如果将这些数据按每台服务器易处理的数据量进行分割，让多台机器去处理，那么数据量巨大的问题就会被最小化。表 1-1 清晰地说明了这一点。

表 1-1　如何分割 5 TB 数据以提高数据处理吞吐量

服务器数量	每台服务器处理的数据量
10	500 GB
100	50 GB
1000	5 GB
5000	1 GB

从表 1-1 可知，一开始可能需要处理大量的数据，但是通过将负载分散到更多的机器上，数据的处理就不再是一个问题了。表 1-1 中的最后一行中 1 GB 的数据由一台笔记本电脑就可以很轻松地处理。

这是理解关于 MapReduce 的第一个关键概念：通过在计算机集群中分散负载，可以将数据的巨大规模转换为可管理的数量。

2．使用键/值对和分区对分布式数据分组

键/值对是一个具有强大含义的简单数据结构。在上一节中，我们看到了将大量数据散布到计算机集群上的价值。分散数据解决了数据处理的问题，但现在的问题是如何将分布在不同机器上的数据汇集起来。

要重新组合分布式数据，可以使用键/值对的键来对数据进行分区。术语"分区"意味着分组，但并不是指使用完全相同的键，而是使用具有相同散列码的键进行分组。要按键将数据分割

成分区，可以使用以下公式：

```
int partition = key.hashCode() % numberOfPartitions;
```

图 1-2 展示了如何应用散列函数来获取存储在不同服务器上的奥运赛事的结果，并将其分组到不同赛事的分区上。所有的数据都以键/值对存储，在图 1-2 中，键是赛事的名称，值是单个运动员的比赛结果。

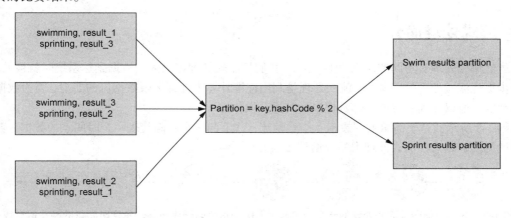

图 1-2　按键对分区上的记录进行分组。尽管记录开始在不同的服务器上，但它们最终会在适当的分区中

分区是一个重要概念，在后面的章节我们将会看到详细的例子。

3. 通过使用复制来接受故障

谷歌 MapReduce 的另一个重要组件是谷歌文件系统（Google File System，GFS）。正如 Hadoop 是 MapReduce 的开源实现，Hadoop 文件系统（Hadoop File System，HDFS）是 GFS 的开源实现。

从较高层次来看，GFS 和 HDFS 都将数据分割成很多个数据块，并将这些数据块分布到集群中。但是 GFS 或 HDFS 的精髓部分在于如何处理服务器和硬盘故障，该处理框架不是试图阻止失败，而是通过跨集群复制数据块来接受失败（默认复制因子是 3）。

通过复制不同服务器上的数据块，就不必再担心磁盘故障甚至整个服务器故障而导致停产。数据复制对于分布式应用提供容错能力至关重要，而容错能力对于分布式应用的成功是必不可少的。稍后将看到分区和复制是如何在 Kafka Streams 中工作的。

1.1.3　批处理还不够

Hadoop 迅速在计算领域流行起来，它允许在使用商业硬件时能够处理巨大数量的数据并具有容错性（节约成本）。但是 Hadoop/MapReduce 是面向批处理的，面向批处理意味着先收集大量数据，然后处理它，再将处理后的输出结果进行存储以便以后使用。批处理非常适合类似 PageRank 之类的场景，因为你无法通过实时观察用户的点击来判断整个互联网上哪些资源是有价值的。

但是企业也越来越面临着要求他们更快地响应重要问题的压力，这些问题诸如：

- 现在的趋势是什么？
- 在最近 10 分钟内有多少次无效登录尝试？
- 用户群是如何利用我们最近发布的特性的？

显然，需要另一种解决方案，而这种解决方案就是流式处理。

1.2　流式处理简介

虽然流式处理有不同的定义，但在本书，我们将流式处理定义为当数据到达系统时就被处理。进一步提炼流式处理的定义为：流式处理是利用连续计算来处理无限数据流的能力，因为数据流是流动的，所以无须收集或存储数据以对其进行操作。

图 1-3 所示的这个简单的图表示一个数据流，线上的每个圆圈代表一个时间点的数据。数据不断地流动，因为在流式处理中的数据是无限的。

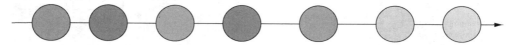

图 1-3　这个弹珠图是流式处理的一个简单表示。图中每个圆圈代表某一特定时间点的某些信息或发生的事件，事件的数量是无限的，并且不断地从左向右移动

那么，谁需要使用流式处理呢？需要从可观察到的事件中得到快速反馈的任何人都需要用到流式处理。让我们来看一些例子。

何时使用流式处理和何时不使用它

和任何技术解决方案一样，流式处理也不是适用于所有情况的解决方案。对传入数据快速响应或报告的需求是流式处理的一个很好的用例。下面是几个例子。

- 信用卡诈骗——信用卡持有者可能未注意到卡被盗，但当碰巧根据既定模式（消费地点，一般消费习惯）来审查购买情况时，就可能检测到信用卡被盗刷，并提醒信用卡持有者。
- 入侵检测——在遭到破坏后分析应用程序日志文件，或许有助于防止在未来受到攻击或者提高安全性，但是实时监控异常行为的能力至关重要。
- 大型赛事，如纽约市马拉松赛——几乎所有的赛跑运动员都会有一个芯片安装在他们的鞋子上，当赛跑运动员通过跑道上的传感器时，可以使用这些信息来跟踪他们的位置。通过使用传感器的数据，可以确定领跑者，识别出潜在的作弊者，同时也能检测出是否有赛跑运动员可能会遇到问题。
- 金融业——实时跟踪市场价格和方向的能力对于经纪人和消费者择时买卖交易必不可少。

然而，流式处理不是所有问题领域的通用解决方案。例如，为了有效地预测未来的行为，需要使用大量的数据来消除异常并识别模式和趋势。这里的重点是随着时间的推移分析数据，而不仅仅是最新的数据。

- 经济预测——多维度收集一个较长时间段的信息是做出准确预测的一种尝试，例如房地产市场的利率趋势。
- 学校实施课程改变的效果——只有在一两个测试周期之后，学校管理者才能估量出课程的改变是否到了预期目标。

这里要记住一个要点：如果数据到达时需要被立即报告或处理，那么流式处理是一个不错的选择；如果需要对数据进行深入分析，或是为了编制一个大的数据仓库以备后期分析，那么流式处理方式可能就不合适了。现在来看一个流式处理的具体例子。

1.3 处理购买交易

让我们从应用一般的流式处理方法对零售处理的示例开始。然后，我们将了解如何使用 Kafka Streams 来实现流式处理应用程序。

假定 ane Doe 在下班回家的路上想起需要一个牙膏。于是她在回家路上的一家 ZMart 超市停下来，进去拿了一盒牙膏，然后径直到收银台去支付她购买的物品。收银员问 Jane 是否是 ZClub 的会员，然后收银员扫描 Jane 的会员卡，这里 Jane 的会员信息就是购买事物中的一部分。

当总价算好之后，Jane 将信用卡递给收银员，收银员刷卡并递给 Jane 收据。当 Jane 走出商店时，她查看她的电子邮件，收到了一条来自 ZMart 超市的信息，感谢 Jane 的惠顾，并附上各种优惠券在 Jane 下次光顾时可享受折扣。

这个交易是客户不会多加考虑的常见事件，然而你会意识到这意味着什么：丰富的信息可以帮助 ZMart 更高效地经营，更好地服务客户。让我们向前追溯一下，看看如何使这种交易成为现实。

1.3.1 权衡流式处理的选择

假设你是 ZMart 流数据团队的开发负责人，ZMart 是一个大型连锁零售店，分布在全国各地。ZMart 经营得很好，每年的销售总额都在 10 亿美元以上。你想要从公司的交易数据中挖掘数据，以提高业务效率。由于你知道要处理的来自 ZMart 销售数据的数据量非常大，因此无论你选择哪一种技术去实现，这种技术都需要能够快速和大规模处理这些大量数据。

你最终选择流式处理技术，因为当有交易发生时可以利用业务决策和机会，而无须先收集数据然后等几个小时之后再做决策。你召集管理层和你团队的成员商讨并提出了保证流式处理方案成功所必需的 4 个基本要求。

- 隐私——首先也是最重要的是重视与客户的关系。鉴于当前社会所关注的隐私问题，第一个目标就是要保护客户的隐私，将保护客户的信用卡号码列为最高优先级，无论怎么使用上面提到的交易信息数据，客户的信用卡信息都不会有暴露的风险。
- 客户奖励——要有一个新的客户奖励计划，以记录基于客户在某些物品上花费的金额所

获得的奖励积分。目的是一旦客户得到奖励就要很快地通知他们，希望他们回到店里来
消费。同时，也需要有适当的活动监测系统。还记得 Jane 离开商店后是如何立即收到一
封电子邮件的吗？这就是你想让公司展现的方式。

■ **销售数据**——ZMart 公司希望进一步优化其广告和销售策略，同时公司希望按地区追踪
客户的购买情况，以确定哪些产品在该国的某些地区更受欢迎。目的是在该国的特定区
域进行精准营销，并对某些畅销的物品特价销售。

■ **存储**——所有的购买记录都保存在一个非现场的存储中心，以用于历史和特定分析。

这些需求本身已经足够明确了，但是对于 Jane Doe 这样的单笔购买交易，如何实现这些需求呢？

1.3.2　将需求解构为图表

查看前面的需求，我们可以很快地把它们重塑为一个有向无环图（directed acyclic graph，
DAG）。客户在注册地完成的交易点是整个图的源节点，那么需求就变成了主源节点的子节点，
如图 1-4 所示。

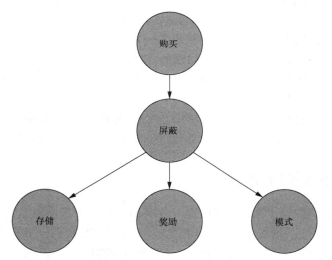

图 1-4　流应用程序的业务需求以有向无环图的形式呈现，图中每个顶点
表示一个需求，边表示通过图表的数据流

接下来，我们将介绍如何将购买交易映射到需求图。

1.4　改变看待购买交易的视角

在本节中，我们将遍历购买的每一个步骤，并从一个较高层次上了解如何与图 1-4 中的需求
图相关联。在下一节中，我们将介绍如何将 Kafka Streams 应用到这个过程中。

1.4.1 源节点

图的源节点是应用程序消费购买交易数据的地方，如图 1-5 所示。该节点是将流经该图的销售交易信息的来源。

购买点是整个图的源节点或父节点

图 1-5 销售交易图的简单开始，该节点是流经该图的原始销售交易信息的来源

1.4.2 信用卡屏蔽节点

图中源节点的子节点是信用卡屏蔽操作所发生的地方，如图 1-6 所示，它在图中用来表示业务需求的第一个顶点或节点，也是从源节点接收原始销售数据的唯一节点，有效地使该节点成为连接到它的所有其他节点的源。

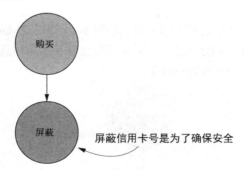

屏蔽信用卡号是为了确保安全

图 1-6 图中的第一节点代表业务需求。这个节点负责屏蔽信用卡号码，并且是唯一一个从源节点接收原始销售数据的节点，有效地使该节点成为连接到它的所有其他节点的源

对于信用卡号屏蔽操作，先复制信用卡号码数据，然后将信用卡号码除最后 4 位数字之外的其他数字都转化为"x"字符。数据流经图中其余节点将信用卡号码转化为"xxxx-xxxx-xxxx-1122"格式的数据。

1.4.3 模式节点

模式节点（如图 1-7 所示）抽取相关信息以确定客户在全国哪个地方购买产品。模式节点不是将数据进行复制，而是从数据中检索出购买相关的物品、日期以及邮政编码，并创建一个包含这些字段的新对象。

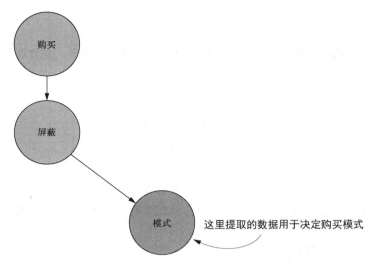

图 1-7　图中添加了模式节点，该节点从屏蔽节点消费购买信息，并将这些信息转化为
一条记录，该记录包括客户何时购买物品以及客户最终完成交易地点对应的邮政编码

1.4.4　奖励节点

这个流程中的下一个子节点是奖励累加器，如图 1-8 所示。ZMart 有一个客户奖励计划，给在 ZMart 门店购买物品的客户积分。这个节点的职责就是从购买信息中抽取客户的 ID 和花费的金额，并创建一个包括这两个字段的新对象。

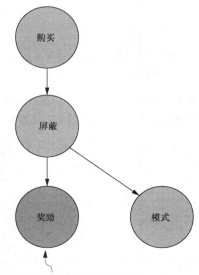

图 1-8　奖励节点负责从屏蔽节点消费销售记录，并将其转换为包含购买总额和客户 ID 的记录

1.4.5 存储节点

最后的子节点将购买数据写入 NoSQL 数据存储中以供进一步分析，如图 1-9 所示。

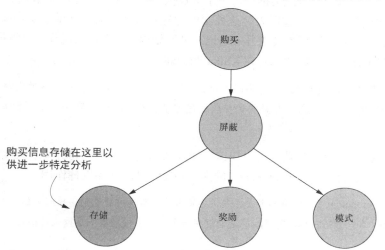

图 1-9　存储节点也使用来自屏蔽节点的记录。这些记录不会转换为任何其他格式，
而是存储在 NoSQL 数据存储中，以便后期进行专门分析

现在，我们已通过 ZMart 的需求图跟踪示例购买交易，让我们看看如何使用 Kafka Streams 将此图转换为函数流式应用程序。

1.5   Kafka Streams 在购买处理节点图中的应用

Kafka Streams 是一个允许对记录的每个事件执行处理的库，可以在数据到达时使用它来处理数据，而不需要在微批中对数据进行分组。可以在每条记录可用时立即对其进行处理。

ZMart 的大多数需求的目标都是对时间敏感的，要能够尽可能快地对数据进行处理，最好能够在事件发生的时候就收集数据。此外，由于 ZMart 在全国有很多的分店，为了对数据进行分析就需要将所有的交易记录汇集成一个单个流或数据流。基于这些原因，Kafka Streams 是非常合适的，当数据到达时用户就可以对其进行处理，并且提供所需的低延迟处理。

在 Kafka Streams 中，定义了一个处理节点的拓扑结构（我们交替使用处理器和节点这两个术语）。一个或多个节点将 Kafka 的一个或多个主题作为数据源，还可以添加其他节点，这些节点被认为是子节点（如果对 Kafka 主题不熟悉，不用担心，第 2 章中会详细解释）。每个子节点可以定义其他子节点。每个处理节点执行分配给它的任务，然后将记录向前发送给它的每个子节点。这个执行过程以此类推，每个处理节点处理完后就将数据继续发送给它的所有子节点，直到每个子节点都执行了各自的功能。

这个过程听起来熟悉吗？应该熟悉，因为我们做过与其类似的操作，即将 ZMart 的业务需求转换为处理节点的图。遍历图就是 Kafka Streams 的工作方式，该图是一个有向无环图（DAG）

或处理节点的拓扑结构。

从源节点或父节点开始，该节点有一个或多个子节点，数据总是从父节点流向子节点，永远不会从子节点流向父节点。依此类推，每个子节点依次可以定义自己的子节点。

记录以深度优先的方式流过图表。这种深度优先的方法具有重要的意义：每条记录（键/值对）都被整个图完整地处理完才接受另一条记录进行处理。由于每条记录都以深度优先的方式在整个有向无环图中被处理，因此无须在 Kafka Streams 中内置背压。

> **定义**　虽然背压（backpressure）有不同的定义，但这里将背压定义为通过缓冲或使用阻塞机制来限制数据流的需要。当源产生数据比接收器能够接收和处理这个数据的速度更快时，背压是必需的。

通过连接或链接多个处理器，可以快速构建复杂的处理逻辑，同时每个组件保持相对简单。正是在处理器这种组合中，Kafka Streams 的强大和复杂性才开始发挥作用。

> **定义**　拓扑（topology）是一种将整个系统的各部分进行整理并将它们连接起来的方式。当我们说 Kafka Streams 有一个拓扑结构时，指的是通过在一个或多个处理器中运行来转换数据。

> **Kafka Streams 与 Kafka**
>
> 　正如我们可能已从名字中猜到的一样，Kafka Streams 是运行在 Kafka 之上的，在这个介绍性章节中 Kafka 相关知识并不是必需的，因为我们更多地从概念上关注 Kafka Streams 是如何工作的。虽然可能会提到一些 Kafka 特定的术语，但在大多数情况下，我们关注的是 Kafka Streams 流式处理方面。
>
> 　对于新接触 Kafka 或不熟悉 Kafka 的读者，第 2 章将会讲解需要了解的相关知识。了解 Kafka 的知识是有效使用 Kafka Streams 的基础。

1.6　Kafka Streams 在购买交易流中的应用

我们再构建一张处理图，不过这次我们将创建一个 Kafka Streams 程序。提醒一下，图 1-4 展示了 ZMart 业务需求的需求图。请记住，顶点是处理数据的处理节点，而边显示数据流。

虽然在构建新图时，将会创建一个 Kafka Streams 程序，这依然是一个高层次的方式，将忽略一些细节。在本书后面部分，当我们看到实际代码时会有更多的细节。

一旦 Kafka Streams 程序开始消费消息记录，就会将原始记录转换为 Purchase 对象。以下信息将构成一个 Purchase 对象：

- ZMart 的客户 ID（从会员卡扫描）；
- 花费总额度；
- 购买的物品；
- 发生购买的 ZMart 店所在地的邮政编码；
- 交易的日期和时间；

■ 客户的借记卡或信用卡号码。

1.6.1 定义源

设计任何 Kafka Streams 程序的第一步都是为流建立一个源。源可以是以下任何一种：
■ 单个主题；
■ 以逗号分隔的多个主题列表；
■ 可以匹配一个或多个主题的正则表达式。

对于本例，源将是一个名为"transactions"的单个主题。如果不熟悉 Kafka 术语，记住，我们将会在第 2 章中对这些术语进行解释。

需要注意的是，对于 Kafka，Kafka Streams 程序看起来像任何其他消费者和生产者的组合。任何数量的应用程序都可以与流式程序一起订阅同一个主题。图 1-10 表示拓扑中的源节点。

图 1-10　源节点：一个 Kafka 主题

1.6.2 第一个处理器：屏蔽信用卡号码

现在已定义好了一个源节点，就可以开始创建一些处理数据的处理器。第一个目标就是屏蔽购买记录中所记录的信用卡号码。第一个处理器用来转换信用卡号码，例如，将 1234-5678-9123-2233 的信用卡号码转换为 xxxx-xxxx-xxxx-2233。

由 KStream.mapValues 方法将执行如图 1-11 所展示的屏蔽操作，它将返回一个新的 KStream 实例，其值由指定的 ValueMapper 进行屏蔽处理。这个特别的 KStream 实例将是我们定义的其他任何处理器的父处理器。

源节点消费来自**Kafka**交易话题的消息

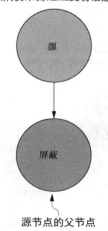

源节点的父节点

图 1-11　屏蔽处理器是主源节点的一个子节点。该处理器接收所有的原始销售交易记录，
然后发出将信用卡号码进行屏蔽后的新记录

创建处理器拓扑

每次通过一个转换方法创建一个新的 KStream 实例，其本质是创建了一个新的处理器，这个新处理器会连接到已创建好的其他处理器。通过组合的处理器，我们可以使用 Kafka Streams 优雅地创建复杂的数据流。

需要特别注意的是，通过调用一个方法返回一个新的 KStream 实例不会导致原实例停止消费消息。一个转换方法创建一个新的处理器，并添加到现有的处理器拓扑中。然后用更新后的拓扑作为一个参数来创建新的 KStream 实例，新的 KStream 实例从创建它的节点处开始接受消息。

你很可能会构建新的 KStream 实例来执行额外的转换，为其原来的目的而保留原来的流。当我们定义第二个和第三个处理器时，你就会看到这样的例子。

虽然可以让 ValueMapper 将传入的值转换为一个完全新的类型，但在本例它只返回一个更新后的 Purchase 对象的副本。使用映射器更新一个对象是在我们在 KStream 中经常看到的一种模式。

现在你应该清楚地了解了如何构建处理器管道来转换和输出数据。

1.6.3 第二个处理器：购买模式

下一个要创建的是可以捕获用于确定该国不同地区购买模式所需信息的处理器（如图 1-12 所示）。为此，将向我们创建的第一个处理器（KStream）添加一个子处理节点。第一个处理器产生的是对信用卡号码做了屏蔽的 Purchase 对象。

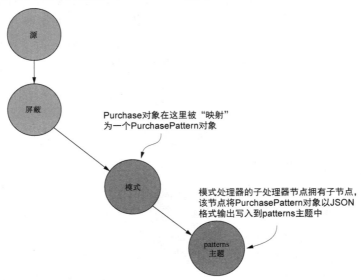

图 1-12　购买模式处理器获取 Purchase 对象并将该对象转换为 PurchasePattern 对象，PurchasePattern 对象包括购买的物品及交易发生点的邮政编码两个属性。一个新处理器从模式处理器获取记录并把它们输出写入 Kafka 主题中

购买模式处理器从其父节点接收一个 `Purchase` 对象，并将该对象映射成一个新的 `PurchasePattern` 对象。映射过程提取实际购买的物品（如牙膏）和买入时使用的邮政编码，用这些信息创建一个 `PurchasePattern` 对象，第 3 章将详细讨论映射处理的过程。

接下来，购买模式处理器添加一个子处理器节点来接收新 `PurchasePattern` 对象，并将其写入一个名为 `patterns` 的 Kafka 主题中。当被写入 Kafka 主题时，`PurchasePattern` 对象被转换成某种形式的可转换的数据。然后，其他应用程序可以消费这些信息，并使用这些信息来确定给定区域的库存水平和购买趋势。

1.6.4 第三个处理器：客户奖励

第三个处理器将为客户奖励程序提取信息（如图 1-13 所示）。这个处理器也是原始处理器的子节点，它接收 `Purchase` 对象，然后将该对象映射为另一种类型：`RewardAccumulator` 对象。

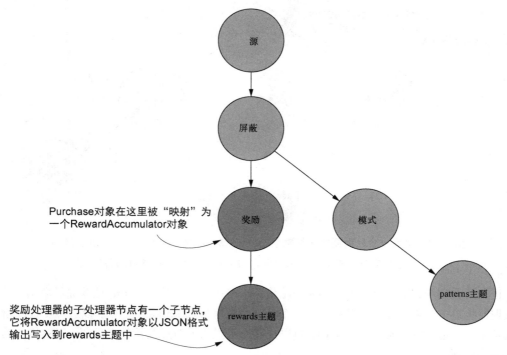

图 1-13　客户奖励处理器负责将 `Purchase` 对象转换成 `RewardAccumulator` 对象，该对象包括客户 ID，交易日期以及交易金额。一个子处理器将 Rewards 对象写入另一个 Kafka 主题中

客户奖励处理器也添加了一个子处理节点，用于将 `RewardAccumulator` 对象输出写入 Kafka 的 `rewards` 主题中。其他程序通过从 `rewards` 主题中消费记录来确定 ZMart 的客户得到何种奖励，例如 Jane Doe 从购买情景中收到的电子邮件。

1.6.5　第四个处理器：写入购买记录

最后一个处理器如图 1-14 所示，它是屏蔽处理器节点的第 3 个子节点，负责将整个已经过屏蔽处理的购买记录输出写到一个叫作 `purchases` 的主题中。该主题用于为 NoSQL 存储应用程序提供数据，当有记录写入时就会被消费，这些记录将用于以后做特定的分析。

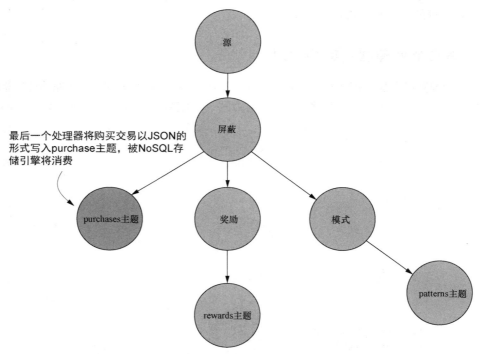

图 1-14　最后一个处理器负责将整个 `Purchase` 对象写入另一个 Kafka 主题中。
订阅该主题的消费者将结果存储在 NoSQL 存储（如 MongoDB）中

正如所看到的，第一个处理器用来屏蔽信用卡号码，并给其他三个处理器提供数据，其中两个处理器将进一步提炼和转换数据，另一个将屏蔽结果写入 Kafka 主题中，以进一步提供给其他消费者使用。通过使用 Kafka Streams，可以构建一个强大的节点连接的处理图，以对传入的数据执行流式处理。

1.7　小结

- Kafka Streams 是一个处理节点构成的图，当对处理节点进行组合后就会提供强大和复杂的流式处理。

- 尽管批处理的功能非常强大，但不足以满足数据处理的实时需求。
- 分发数据、键/值对、分区和数据复制对分布式应用程序是至关重要的。

要理解 Kafka Streams，应该先了解一些 Kafka 的知识。在第 2 章中我们将为不了解 Kafka 的读者介绍以下基本内容。

- 安装 Kafka 和发送消息。
- 深入探究 Kafka 的架构，理解什么是分布式日志。
- 理解什么是主题以及在 Kafka 中是如何使用的。
- 理解生产者和消费者的工作原理，以及如何有效地编写生产者和消费者程序。

如果你对 Kafka 已经非常熟悉了，可以直接跳到第 3 章，在第 3 章中我们将基于本章讨论的示例构建一个 Kafka Streams 应用程序。

第 2 章　Kafka 快速指南

本章主要内容
- 考察 Kafka 架构。
- 生产者发送消息。
- 消费者读取消息。
- Kafka 安装与运行。

虽然这是一本关于 Kafka Streams 的书，但是要研究 Kafka Streams 不可能不探讨 Kafka，毕竟，Kafka Streams 是一个运行在 Kafka 之上的库。

Kafka Streams 设计得非常好，因此即使具有很少或者零 Kafka 经验的人都可以启动和运行 Kafka Streams。但是，你所取得的进步和对 Kafka 调优的能力将是有限的。掌握 Kafka 的基础知识对有效使用 Kafka Streams 来说是必要的。

注意　本章面向的读者是对 Kafka Streams 有兴趣，但对 Kafka 本身具有很少或零经验的开发者。
如果读者对 Kafka 具备很好的应用知识，那么就可以跳过本章，直接阅读第 3 章。

Kafka 是一个很大的话题，很难通过一章进行完整论述。本章将会覆盖足以使读者很好地理解 Kafka 的工作原理和一些核心配置项设置的必备知识。要想更深入了解 Kafka 的知识，请看 Dylan Scott 写的 *Kafka in Action*（Manning，2018）

2.1　数据问题

如今，各组织都在研究数据。互联网公司、金融企业以及大型零售商现在比以往任何时候都更善于利用这些数据。通过利用数据，既能更好地服务于客户，又能找到更有效的经营方式（我们要对这种情况持积极态度，并且在看待客户数据时要从好的意图出发）。

让我们考虑一下在 ZMart 数据管理解决方案中的各种需求。
- 需要一种将数据快速发送到中央存储的方法。

- 由于服务器经常发生故障，这就需要复制数据的能力，有了这种能力，不可避免的故障就不会导致停机和数据丢失。
- 需要能够扩展到任意数量消费者的数据，而不必跟踪不同的应用程序。需要让组织中的任何人都能使用这些数据，而不必跟踪哪些人已经查看了数据，哪些人还没有查看。

2.2　使用 Kafka 处理数据

在第 1 章中，已介绍过大型零售公司 ZMart。那时，ZMart 需要一个流式处理平台来利用公司的销售数据，以便更好地提供客户服务并提升销售总额。但在那时的 6 个月前，ZMart 期待了解它的数据情况，ZMart 最初有一个定制的非常有效的解决方案，但是很快就发现该解决方案变得难以驾驭了，接下来将看到其原因。

2.2.1　ZMart 原始的数据平台

最初，ZMart 是一家小公司，零售销售数据从各分离的应用程序流入系统。这种方法起初效果还是不错的，但随着时间的推移，显然需要一种新的方法。一个部门的销售数据不再只是该部门所感兴趣的，公司的其他部门也可能感兴趣，并且不同的部门对数据的重要性和数据结构都有不同的需求。图 2-1 展示了 ZMart 原始的数据平台。

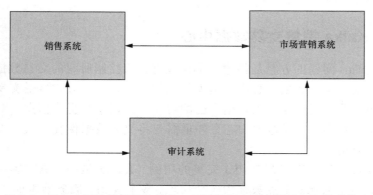

图 2-1　ZMart 原始数据架构简单，足够使每个信息源流入和流出信息

随着时间的推移，ZMart 通过收购其他公司以及扩大其现有商店的产品而持续增长。随着应用程序的添加，应用程序之间的连接变得更加复杂，由最初的少量的应用程序之间的通信演变成了一堆名副其实的意大利面条。如图 2-2 所示，即使只有 3 个应用程序，连接的数量也很烦琐且令人困惑。可以看到，随着时间的推移，添加新的应用程序将使这种数据架构

变得难以管理。

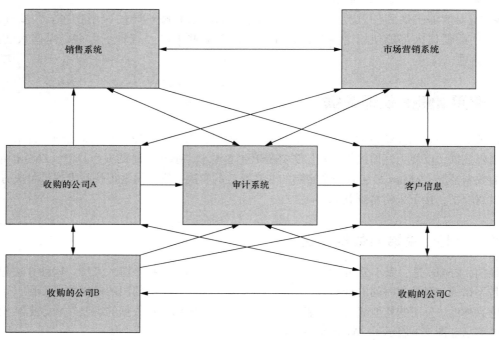

图 2-2　随着时间的推移，越来越多的应用程序被添加进来，连接所有这些信息源变得非常复杂

2.2.2　一个 Kafka 销售交易数据中心

一个解决 ZMart 问题的方案是创建一个接收进程来控制所有的交易数据，即建立一个交易数据中心。这个交易数据中心应该是无状态的，它以一种方式接受交易数据并存储，这种方式是任何消费应用程序可以根据自己的需要从数据中心提取信息。对哪些数据的追踪取决于消费应用程序，交易数据中心只知道需要将交易数据保存多久，以及在什么时候切分或删除这些数据。

也许你还没有猜到，我们有 Kafka 完美的用例。Kafka 是一个具有容错能力、健壮的发布/订阅系统。一个 Kafka 节点被称为一个代理，多个 Kafka 服务器组成一个集群。Kafka 将生产者写入的消息存储在 Kafka 的主题之中，消费者订阅 Kafka 主题，与 Kafka 进行通信以查看订阅的主题是否有可用的消息。图 2-3 展示了如何将 Kafka 想象为销售交易数据中心。

现在大家已经对 Kafka 的概况有了大致的了解，在下面的几节中将进行仔细研究。

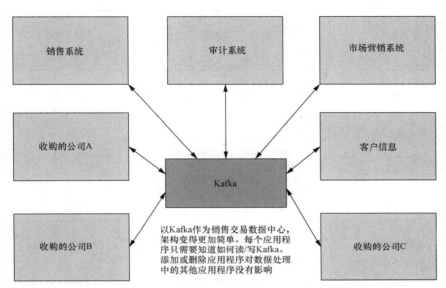

图 2-3 使用 Kafka 作为销售交易中心显著简化了 ZMart 数据架构,现在每台
服务器不需要知道其他的信息来源,它们只需要知道
如何从 Kafka 读取数据和将数据写入 Kafka

2.3 Kafka 架构

在接下来的几个小节中,我们将介绍 Kafka 体系架构的关键部分以及 Kafka 的工作原理。如
果想尽早地体验运行 Kafka,可以直接跳到 2.6 节,安装和运行 Kafka。等 Kafka 安装之后,再回
到这里来继续学习 Kafka。

2.3.1 Kafka 是一个消息代理

在前一节中,我曾说过 Kafka 是一个发布/订阅系统,但更精确地说法是 Kafka 充当了消息代
理。代理是一个中介,将进行互利交换或交易但不一定相互了解的两部分汇聚在一起。图 2-4 展
示了 ZMart 数据架构的演化。生产者和消费者被添加到图中以展示各单独部分如何与 Kafka 进行
通信,它们之间不会直接进行通信。

Kafka 将消息存储在主题中,并从主题检索消息。消息的生产者和消费者之间不会直接连接。
此外,Kafka 并不会保持有关生产者和消费者的任何状态,它仅作为一个消息交换中心。

Kafka 主题底层的技术是日志,它是 Kafka 追加输入记录的文件。为了帮助管理进入主题的
消息负载,Kafka 使用分区。在第 1 章我们讨论了分区,大家可以回忆一下,分区的一个应用是
将位于不同服务器上的数据汇集到同一台服务器上,稍后我们将详细讨论分区。

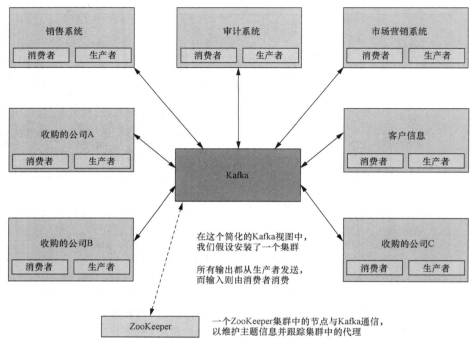

**图 2-4　Kafka 是一个消息代理，生产者将消息发送到 Kafka，这些消息被存储，
并通过主题订阅的方式提供给消费者**

2.3.2　Kafka 是一个日志

Kafka 底层的机制就是日志。大多数软件工程师都对日志很熟悉，日志用于记录应用程序正在做什么。如果在应用程序中出现性能问题或者错误，首先检查的是应用程序的日志，但这是另一种类型的日志。在 Kafka（或者其他分布式系统）的上下文中，日志是"一种只能追加的，完全按照时间顺序排列的记录序列"[①]。

图 2-5 展示了日志的样子，当记录到达时，应用程序将它们追加到日志的末尾。记录有一个隐含的时间顺序，尽管有可能不是与每条记录相关联的时间戳，因为最早的记录在左边，后达到的记录在右端。

日志是具有强大含义的简单数据抽象，如果记录按时间有序，解决冲突或确定将哪个更新应用到不同的机器就变得明确了：最新记录获胜。

Kafka 中的主题是按主题名称分隔的日志，几乎可以将主题视为有标签的日志。如果日志在一个集群中有多个副本，那么当一台服务器宕机后，就能够很容易使服务器恢复正常：只需重放

[①] Jay Kreps, "The Log: What Every Software Engineer Should Know About Real-time Data's Unifying Abstraction"（日志：每个软件工程师都应该知道实时数据的统一抽象）。

日志文件。从故障中恢复的能力正是分布式提交日志具有的。

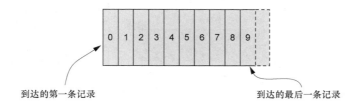

到达的第一条记录　　　　　　　　　　　　　　　　到达的最后一条记录

图 2-5　日志是追加传入记录的文件——每条新到达的记录都被立即放在接收到的最后一条
记录之后，这个过程按时间顺序对记录进行排序

　　我们只触及了关于分布式应用程序和数据一致性的深入话题的表面，但到目前为止所讲解的知识应该能让读者对 Kafka 涉及的内容有了一个基本的了解。

2.3.3　Kafka 日志工作原理

　　当安装 Kafka 时，其中一个配置项是 `log.dir`，该配置项用来指定 Kafka 存储日志数据的路径。每个主题都映射到指定日志路径下的一个子目录。子目录数与主题对应的分区数相同，目录名格式为 "主题名_分区编号"（将在下一节介绍分区）。每个目录里面存放的都是用于追加传入消息的日志文件，一旦日志文件达到某个规模（磁盘上的记录总数或者记录的大小），或者消息的时间戳间的时间间隔达到了所配置的时间间隔时，日志文件就会被切分，传入的消息将会被追加到一个新的日志文件中（如图 2-6 所示）。

logs目录被配置为/logs

/logs

/logs/topicA_0　　　　　topicA有1个分区

/logs/topicB_0　　　　　topicB有3个分区

/logs/topicB_1

/logs/topicB_2

图 2-6　logs 目录是消息存储的根目录，/logs 目录下的每个目录代表一个主题的分区，
目录中的文件名以主题的名称打头，然后是下划线，后面接一个分区的编号

　　可以看到日志和主题是高度关联的概念，可以说一个主题是一个日志，或者说一个主题代表一个日志。通过主题名可以很好地处理经由生产者发送到 Kafka 的消息将被存储到哪个日志当中。既然已经讨论了日志的概念，那么我们再来讨论 Kafka 另一个基本概念——分区。

2.3.4　Kafka 和分区

　　分区是 Kafka 设计的一个重要部分，它对性能来说必不可少。分区保证了同一个键的数据将会按序被发送给同一个消费者。图 2-7 展示了分区的工作原理。

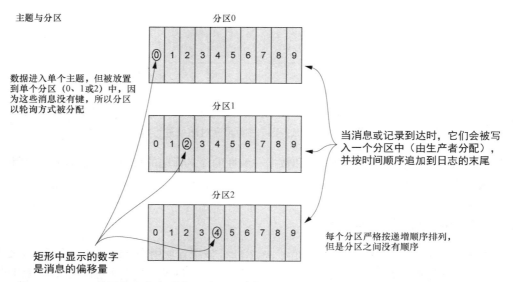

图 2-7　Kafka 使用分区来实现高吞吐量，并将一个主题的消息在集群的不同服务器中传播

　　对主题作分区的本质是将发送到主题的数据切分到多个平行流之中，这是 Kafka 能够实现巨大吞吐量的关键。我们解释过每个主题就是一个分布式日志，每个分区类似于一个它自己的日志，并遵循相同的规则。Kafka 将每个传入的消息追加到日志末尾，并且所有的消息都严格按时间顺序排列，每条消息都有一个分配给它的偏移量。Kafka 不保证跨分区的消息有序，但是能够保证每个分区内的消息是有序的。

　　除了增加吞吐量，分区还有另一个目的，它允许主题的消息分散在多台机器上，这样给定主题的容量就不会局限于一台服务器上的可用磁盘空间。

　　现在让我们看看分区扮演的另一个关键角色：确保具有相同键的消息最终在一起。

2.3.5　分区按键对数据进行分组

　　Kafka 处理键/值对格式的数据，如果键为空，那么生产者将采用轮询（round-robin）方式选择分区写入记录。图 2-8 展示了用非空键如何分配分区的操作。

　　如果键不为空，Kafka 会使用以下公式（如下伪代码所示）确定将键/值对发送到哪个分区：

```
HashCode.(key) % number of partitions
```

　　通过使用确定性方法来选择分区，使得具有相同键的记录将会按序总是被发送到同一个分区。默认的分区器使用此方法，如果需要使用不同的策略选择分区，则可以提供自定义的分区器。

到达的消息:

> {foo, 消息数据}
> {bar, 消息数据}

消息的键用于确定消息被分配到哪个分区。
这些键不为空

键的字节用于计算散列

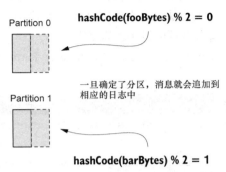

Partition 0

hashCode(fooBytes) % 2 = 0

一旦确定了分区,消息就会追加到
相应的日志中

Partition 1

hashCode(barBytes) % 2 = 1

图 2-8   "foo" 被发送到分区 0,"bar" 被发送到分区 1。通过键的
字节散列与分区总数取模来获得数据被分配的分区

2.3.6   编写自定义分区器

为什么要编写自定义分区器呢?在几个可能的原因中,下面将举一个简单的例子——组合键
的使用。

假设将购买数据写入 Kafka,该数据的键包括两个值,即客户 ID 和交易日期,需要根据客
户 ID 对值进行分组,因此对客户 ID 和交易日期进行散列是行不通的。在这种情况下,就需要编
写一个自定义分区器,该分区器知道组合键的哪一部分决定使用哪个分区。例如,/src/main/java/
bbejeck/model/PurchaseKey.java 中的组合键,如代码清单 2-1 所示。

代码清单 2-1   组合键 PurchaseKey 类

```java
public class PurchaseKey {

    private String customerId;
    private Date transactionDate;

    public PurchaseKey(String customerId, Date transactionDate) {
        this.customerId = customerId;
        this.transactionDate = transactionDate;
    }

    public String getCustomerId() {
        return customerId;
    }
```

```
public Date getTransactionDate() {
    return transactionDate;
}
}
```

当提及分区时，需要保证特定用户的所有交易信息都会被发送到同一个分区中。但是整体作为键就无法保证，因为购买行为会在多个日期发生，包括交易日期的记录对一个用户而言就会导致不同的键值，就会将交易数据随机分布到不同的分区中。若需要确保具有相同客户 ID 的交易信息都发送到同一个分区，唯一的方法就是在确定分区时使用客户 ID 作为键。

代码清单 2-2 所示的自定义分区器的例子就满足需求。PurchaseKeyPartitioner 类（源代码见 src/ main/java/bbejeck/chapter_2/partitioner/PurchaseKeyPartitioner.java）从键中提取客户 ID 来确定使用哪个分区。

代码清单 2-2   自定义分区器 PurchaseKeyPartitioner 类

```
public class PurchaseKeyPartitioner extends DefaultPartitioner {

    @Override
    public int partition(String topic, Object key,
                         byte[] keyBytes, Object value,            如果键不为空，那
                         byte[] valueBytes, Cluster cluster) {     么提取客户 ID
        Object newKey = null;
        if (key != null) {
            PurchaseKey purchaseKey = (PurchaseKey) key;          将键的字节赋
            newKey = purchaseKey.getCustomerId();                 值给新的值
            keyBytes = ((String) newKey).getBytes();

        }
        return super.partition(topic, newKey, keyBytes, value,
        valueBytes, cluster);
    }                                                             返回具有已被更新键的分
}                                                                 区，并将其委托给超类
```

该自定义分区器继承自 DefaultPartitioner 类，当然也可以直接实现 Partitioner 接口，但是在这个例子中，在 DefaultPartitioner 类中有一个已存在的逻辑。

请注意，在创建自定义分区器时，不仅局限于使用键，单独使用值或与键组合使用都是有效的。

注意   Kafka API 提供了一个可以用来实现自定义分区器的 Partitioner 接口，本书不打算讲解从头开始写一个分区器，但是实现原则与代码清单 2-2 相同。

已经看到如何构造一个自定义分区器，接下来，将分区器与 Kafka 结合起来。

2.3.7   指定一个自定义分区器

既然已编写了一个自定义分区器，那就需要告诉 Kafka 使用自定义的分区器代替默认的分区

器。虽然还没有讨论生产者，但在设置 Kafka 生产者配置时可以指定一个不同的分区器[1]，配置如下：

```
partitioner.class=bbejeck_2.partitioner.PurchaseKeyPartitioner
```

通过为每个生产者实例设置分区器的方式，就可以随意地为任何生产者指定任何分区器类。在讨论 Kafka 生产者时再对生产者的配置做详细介绍。

警告　在决定使用的键以及选择键/值对的部分作为分区依据时，一定要谨慎行事。要确保所选择的键在所有数据中具有合理的分布，否则，由于大多数数据都分布在少数几个分区上，最终导致数据倾斜。

2.3.8　确定恰当的分区数

在创建主题时决定要使用的分区数既是一门艺术也是一门科学。其中一个重要的考虑因素是流入该主题的数据量。更多的数据意味着更多的分区以获得更高的吞吐量，但与生活中的任何事物一样，也要有取舍。

增加分区数的同时也增加了 TCP 连接数和打开的文件句柄数。此外，消费者处理传入记录所花费的时间也会影响吞吐量。如果消费者线程有重量级处理操作，那么增加分区数可能有帮助，但是较慢的处理操作最终将会影响性能。

2.3.9　分布式日志

我们已经讨论了日志和对主题进行分区的概念，现在，花点时间结合这两个概念来阐述分布式日志。

到目前为止，我们讨论日志和对主题进行分区都是基于一台 Kafka 服务器或者代理，但典型的 Kafka 生产集群环境包括多台服务器。故意将讨论集中单个节点上，是因为考虑一个节点更容易理解概念。但在实践中，总是使用包括多台服务器的 Kafka 集群。

当对主题进行分区时，Kafka 不会将这些分区分布在一台服务上，而是将分区分散到集群中的多台服务器上。由于 Kafka 是在日志中追加记录，因此 Kafka 通过分区将这些记录分发到多台服务器上。图 2-9 展示了这个过程。

让我们通过使用图 2-9 作为一个向导来完成一个快速实例。对于这个实例，我们假设有一个主题，并且键为空，因此生产者将通过轮询的方式分配分区。

生产者将第 1 条消息发送到位于 Kafka 代理 1 上的分区 0 中[2]，第 2 条消息被发送到位于 Kafka 代理 1 上的分区 1 中，第 3 条消息被发送到位于 Kafka 代理 2 上的分区 2 中。当生产者发送第 6 条消息时，消息将会被发送到 Kafka 代理 3 上的分区 5 中，从下一条消息开始，又将重复该步骤，消息将被发送到位于 Kafka 代理 1 上的分区 0 中。以这种方式继续分配消息，将消息分配到 Kafka

---

[1] 这里说的不同的分区器，是指不使用默认分区器，这里指定自定义分区器来覆盖默认分区器。　——译者注
[2] 代理 1 是指代理服务器对应的 broker.id 为 1，分区 0 表示分区编号为 0。　——译者注

集群的所有节点中。

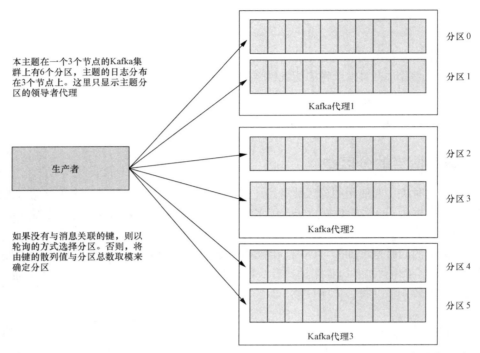

图 2-9　生产者将消息写入主题的分区中，如果消息没有关联键，那么生产者就会通过
轮询方式选择一个分区，否则通过键的散列值与分区总数取模来决定分区

　　虽然远程存储数据听起来会有风险，因为服务器有可能会宕机，但 Kafka 提供了数据冗余。当数据被写入 Kafka 的一个代理时，数据会被复制到集群中一台或多台机器上（在后面小节会介绍副本）。

2.3.10　ZooKeeper：领导者、追随者和副本

　　到目前为止，我们已经讨论了主题在 Kafka 中的作用，以及主题如何及为什么要进行分区。可以看到，分区并不都位于同一台服务器上，而是分布在整个集群的各个代理上。现在是时候来看看当服务器故障时 Kafka 如何提供数据可用性。

　　Kafka 代理有领导者（leader）和追随者（follower）的概念。在 Kafka 中，对每一个主题分区（topic partition），会选择其中一个代理作为其他代理（追随者）的领导者。领导者的一个主要职责是分配主题分区的副本给追随者代理服务器。就像 Kafka 在集群中为一个主题分配分区一样，Kafka 也会在集群的多台服务器中复制分区数据。在深入探讨领导者、追随者和副本是如何工作之前，先来介绍 Kafka 为实现这一点所使用的技术。

2.3.11　Apache ZooKeeper

如果你是个 Kafka 菜鸟，你可能会问自己：“为什么在 Kafka 的书中会谈论 Apache ZooKeeper？”Apache ZooKeeper 是 Kafka 架构不可或缺的部分，正是由于 ZooKeeper 才使得 Kafka 有领导者代理，并使领导者代理做诸如跟踪主题副本的事情，ZooKeeper 官网对其介绍如下：

ZooKeeper 是一个集中式服务，用于维护配置信息、命名、提供分布式同步和组服务。这些类型的所有服务都是通过分布式应用程序以某种形式使用。

既然 Kafka 是一个分布式应用程序，那么它一开始就应该知道 ZooKeeper 在其架构中的作用。在这里的讨论中，我们只考虑两个或多个 Kafka 服务器的安装问题。

在 Kafka 集群中，其中一个代理会被选为控制器。在 2.3.4 节我们介绍了分区以及如何在集群的不同服务器之间分配分区。主题分区有一个领导者分区和一到多个追随者分区（复制的级别决定复制的程度[①]），当生成消息时，Kafka 将记录发送到领导者分区对应的代理上。

2.3.12　选择一个控制器

Kafka 使用 ZooKeeper 来选择代理控制器，对于其中涉及的一致性算法的探讨已超出本书所讲内容的范围，因此我们不做深入探讨，只声明 ZooKeeper 从集群中选择一个代理作为控制器。

如果代理控制器发生故障或者由于任何原因而不可用时，ZooKeeper 从与领导者保持同步的一系列代理（已同步的副本[ISR]）中选出一个新的控制器，构成该系列的代理是动态的[②]，ZooKeeper 只会从这个代理系列中选择一个领导者[③]。

2.3.13　副本

Kafka 在代理之间复制记录，以确保当集群中的节点发生故障时数据可用。可以为每个主题（正如前面介绍的消息发布或消费实例中的主题）单独设置复制级别也可以为集群中的所有主题设置复制级别[④]。图 2-10 演示了代理之间的复制流。

Kafka 复制过程非常简单，一个主题分区对应的各代理从该主题分区的领导者分区消费消息，并将消息追加到自己的日志当中。正如 2.3.12 节所论述的，与领导者代理保持同步的追随者代理被认为是 ISR，这些 ISR 代理在当前领导者发生故障或者不可用时有资格被选举为领导者。[⑤]

---

① 这里的级别是指分区是领导者分区还是追随者分区。——译者注
② 代理是动态的是指根据代理的存活情况动态地将代理从 ISR 集合中移除或将代理加入 ISR 集合中。——译者注
③ Kafka 官方文档“Replicated Logs: Quorums, ISRs, and State Machines (Oh my!)”。
④ 复制级别也就是我们通常说的副本数。——译者注
⑤ Kafka 官方文档“Replication”。

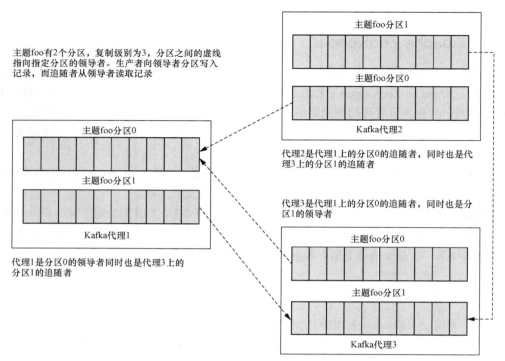

图 2-10 代理 1 和代理 3 是一个主题分区的领导者，同时也是另外一个分区的
追随者，而代理 2 只是追随者，追随者代理从领导者代理复制数据

2.3.14 控制器的职责

代理控制器的职责是为一个主题的所有分区建立领导者分区和追随者分区的关系，如果一个 Kafka 节点宕机或者没有响应（与 ZooKeeper 之间的心跳），那么所有已分配的分区（包括领导者和追随者）都将由代理控制器重新进行分配。图 2-11 演示了一个正在运行的代理控制器。[1]

图 2-11 展示了一个简单的故障情景。第 1 步，代理控制器检测到代理 3 不可用。第 2 步，代理控制器将代理 3 上分区的领导权重新分配给代理 2。

ZooKeeper 也参与了 Kafka 以下几个方面的操作。

- 集群成员——代理加入集群和维护集群中成员关系。如果一个代理不可用，则 ZooKeeper 将该代理从集群成员中移除。
- 主题配置——跟踪集群中的主题，记录哪个代理是主题的领导者，各主题有多少个分区以及主题的哪些特定的配置被覆盖。

---

[1] 本节的一些信息来自 Gwen Shapira 在 Qurora 上的回答："What is the actual role of ZooKeeper in Kafka? What benefits will I miss out on if I don't use ZooKeeper and Kafka together？"。（ZooKeeper 在 Kafka 中的实际角色是什么？如果我们不将 ZooKeeper 和 Kafka 一起使用会错失哪些好处？）

■　访问控制——识别谁可以从特定主题中读取或写入消息。

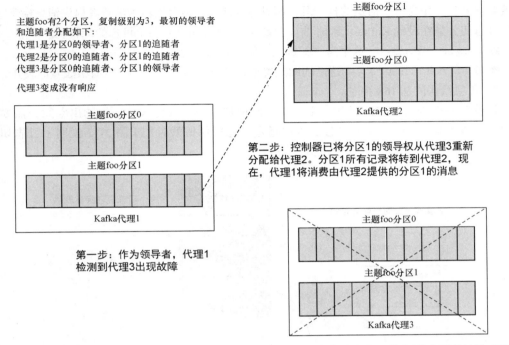

图 2-11　代理控制器负责将其他代理分配为某些主题/分区的领导者代理和另一些主题/分区的追随者代理，
当代理不可用时，代理控制器将已分配给不可用代理的重新分配给集群中的其他代理

　　现在可知 Kafka 为什么依赖于 Apache ZooKeeper 了，正是 ZooKeeper 使得 Kafka 有了一个带着追随者的领导者代理，领导者代理的关键角色是为追随者分配主题分区，以便进行复制，以及在代理成员出现故障时重新分配主题分区。

2.3.15　日志管理

　　对追加日志已进行了介绍，但还没有谈到随着日志持续增长如何对其进行管理。一个集群中旋转磁盘的空间是一个有限的资源，因此对 Kafka 而言，随着时间的推移，删除消息是很重要的事。在谈到删除 Kafka 中的旧数据时，有两种方法，即传统的日志删除和日志压缩。

2.3.16　日志删除

　　日志删除策略是一个两阶段的方法：首先，将日志分成多个日志段，然后将最旧的日志段删除。为了管理 Kafka 不断增加的日志，Kafka 将日志切分成多个日志段。日志切分的时间基于消息中内置的时间戳。当一条新消息到达时，如果它的时间戳大于日志中第一个消息的时间戳加上 `log.roll.ms` 配置项配置的值时，Kafka 就会切分日志。此时，日志被切分，一个新的日志段会被创建并作为一个活跃的日志段，而以前的活跃日志段仍然为消费者提供消息检索[①]。

日志切分是在设置 Kafka 代理时进行设置的[②]。日志切分有两个可选的配置项。

- `log.roll.ms`——这个是主配置项，但没有默认值。
- `log.roll.hours`——这是辅助配置项，仅当 `log.roll.ms` 没有被设置时使用，该配置项默认值是 168 小时。

随着时间的推移，日志段的数据也将不断增加，为了为传入的数据腾出空间，需要将较旧的日志段删除。为了删除日志段，可以指定日志段保留的时长。图 2-12 说明了日志切分的过程。

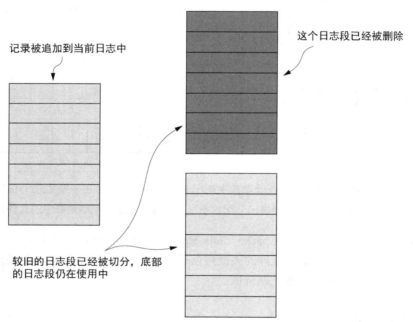

图 2-12　左边是当前日志段，右上角是一个已被删除的日志段，
在其下面是最近切分的仍然在使用的日志段

与日志切分一样，日志段的删除也基于消息的时间戳，而不仅是时钟时间或文件最后被修改的时间，日志段的删除基于日志中最大的时间戳。用来设置日志段删除策略的 3 个配置项按优先级依次列出如下，这里按优先级排列意味着排在前面的配置项会覆盖后面的配置项。

- `log.retention.ms`——以毫秒（ms）为单位保留日志文件的时长。

---

① Kafka 总是将消息追加到活跃日志段的末尾。——译者注
② Kafka 官方文档 "Broker Configs"。

- `log.retention.minutes`——以分钟（min）为单位保留日志文件的时长。
- `log.retention.hours`——以小时（h）为单位保留日志文件。

提出这些设置的前提是基于大容量主题的假设，这里大容量是指在一个给定的时间段内保证能够达到文件最大值。另一个配置项 `log.retention.bytes`，可以指定较长的切分时间阈值，以控制 I/O 操作。最后，为了防止日志切分阈值设置得相对较大而出现日志量显著增加的情况，请使用配置项 `log.segment.bytes` 来控制单个日志段的大小。

对于键为空的记录以及独立的记录[1]，删除日志的效果很好。但是，如果消息有键并需要预期的更新操作，那么还有一种方法更适合。

2.3.17 日志压缩

假设日志中已存储的消息都有键，并且还在不停地接收更新的消息，这意味着具有相同键的新记录将会更新先前的值。例如，股票代码可以作为消息的键，每股的价格作为定期更新的值。想象一下，使用这些信息来展示股票的价值，并出现程序崩溃或者重启，这就需要能够让每个键恢复到最新数据[2]。

如果使用删除策略，那么从最后一次更新到应用程序崩溃或重启之间的日志段就可能被去除，启动时就得不到所有的记录[3]。一种较好的方式是保留给定键的最近已知值，用与更新数据库表键一样的方式对待下一条记录[4]。

按键更新记录是实现压缩主题（日志）的表现形式。与基于时间和日志大小直接删除整个日志段的粗粒度方式不同，压缩是一种更加细粒度的方式，该方式是删除日志中每个键的旧数据。从一个很高的层面上来说，一个日志清理器（一个线程池）运行在后台，如果后面的日志中出现了相同的键，则日志清理器就会重新复制日志段文件并将该键对应的旧记录去除。图 2-13 阐明了日志压缩是如何为每个键保留最新消息的。

这种方式保证了给定键的最后一条记录在日志中。可以为每个主题指定日志保留策略，因此完全有可能某些主题使用基于时间的保留，而其他主题使用压缩。

默认情况下，日志清理功能是开启的。如果要对主题使用压缩，那么需要在创建主题时设置属性 `log.cleanup.policy=compact`。

在 Kafka Streams 中使用应用状态存储时就要用到压缩，不过并不需要我们自己来创建相应的日志或主题——框架会处理。然而，理解压缩的原理是很重要的，日志压缩是一个宽泛的话题，我们仅谈论至此。如果想了解压缩方面的更多信息，参见 Kafka 官方文档。

---

① 独立的记录是指若消息有键时，各消息的键都不相同。——译者注
② Kafka 官方文档 "Log Compaction"。
③ 由于采用删除策略，位于被删日志段中的数据被删除了，因此在重启后这些数据就丢失了，所以说在启动后就得不到所有的记录。——译者注
④ 数据库中存在该键对应的记录时就做更新，否则就在数据库中插入一条记录。——译者注

注意　当使用 `cleanup.policy` 为压缩时，你可能好奇如何从日志中去除一条记录。对于一个压缩的主题，删除操作会为给定键设置一个 `null` 值，作为一个墓碑标记。任何值为 `null` 的键都确保先前与其键相同的记录被去除，之后墓碑标记自身也会被去除。

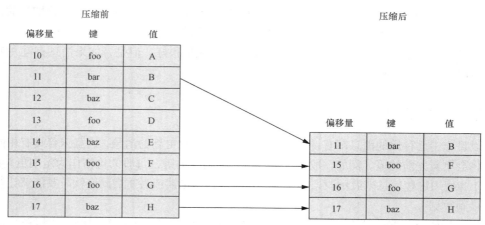

图 2-13　左边是压缩前的日志，可以看到具有不同值的重复键，这些值是用来更新给定键的。右边是压缩后的日志，保留了每个键的最新值，但日志变小了

本节的关键内容是：如果事件或消息是独立、单独的，那么就使用日志删除，如果要对事件或消息进行更新，那就使用日志压缩。

我们已经花了很多时间介绍 Kafka 内部是如何处理数据的，现在，让我们转移到 Kafka 外部，探讨如何通过生产者向 Kafka 发送消息，以及消费者如何从 Kafka 读取消息。

2.4　生产者发送消息

回到 ZMart 对集中销售交易数据中心的需求，看看如何将购买交易数据发送到 Kafka。在 Kafka 中，生产者是用于发送消息的客户端。图 2-14 重述 ZMart 的数据结构，突出显示生产者，以强调它们在数据流中适合的位置。

尽管 ZMart 有很多的销售交易，但现在我们只考虑购买一个单一物品：一本 10.99 美元的书。当消费者完成销售交易时，交易信息将被转换为一个键/值对并通过生产者发送到 Kafka。

键是客户 ID，即 `123447777`，值是一个 JSON 格式的值，即 `"{\"item\":\"book\",\"price\":10.99}"`（这里已把双引号转义了，这样 JSON 可以被表示为 Java 中的字符串）。有了这种格式的数据，就可以使用生产者将数据发送到 Kafka 集群。代码清单 2-3 所示的示例代码可以在源代码/**src/main/java/bbejeck.chapter_2/producer/SimpleProducer.java** 类中找到。

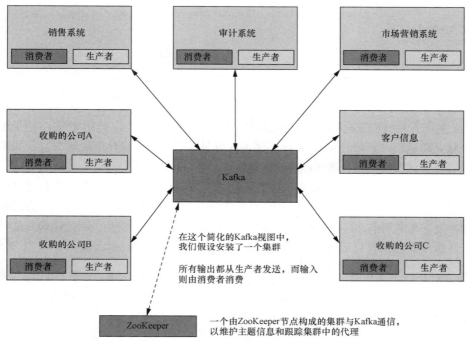

图 2-14　生产者用于向 Kafka 发送消息，它们并不知道哪个消费者会读取消息，
也不知道消费者在什么时候会读取消息

代码清单 2-3 `SimpleProducer` 示例

```
Properties properties = new Properties();
properties.put("bootstrap.servers", "localhost:9092");
properties.put("key.serializer","org.apache.kafka.common.serialization.
  StringSerializer");
properties.put("value.serializer",
  "org.apache.kafka.common.serialization.StringSerializer");
properties.put("acks", "1");
properties.put("retries", "3");
properties.put("compression.type", "snappy");        生产者属
properties.put("partitioner.class",                  性配置
  PurchaseKeyPartitioner.class.getName());    ←

PurchaseKey key = new PurchaseKey("12334568", new Date());

try(Producer<PurchaseKey, String> producer =          创建一个 KafkaProducer
  new KafkaProducer<>(properties)) {
    ProducerRecord<PurchaseKey, String> record =
  new ProducerRecord<>("transactions", key, "{\"item\":\"book\",
    \"price\":10.99}");

    Callback callback = (metadata, exception) -> {
            if (exception != null) {
```

```
                    System.out.println("Encountered exception "
⇒  + exception);
                }
        };

    Future<RecordMetadata> sendFuture =
⇒  producer.send(record, callback);
}
```

构造一个回调

发送记录，并将返回的
Future 赋值给一个变量

Kafka 生产者是线程安全的。所有消息被异步发送到 Kafka——一旦生产者将记录放到内部缓冲区，就立即返回 Producer.send。缓冲区批量发送记录，具体取决于配置，如果在生产者缓冲区满时尝试发送消息，则可能会有阻塞。

这里描述的 Producer.send 方法接受一个 Callback 实例，一旦领导者代理确认收到记录，生产者就会触发 Callback.onComplete 方法，Callback.onComplete 方法中仅有一个参数为非空。在本例中，只关心在发生错误时打印输出异常堆栈信息，因此检验异常对象是否为空。一旦服务器确认收到记录，返回的 Future 就会产生一个 RecordMetadata 对象。

定义　在代码清单 2-3 中，Producer.send 方法返回一个 Future 对象，一个 Future 对象代表一个异步操作的结果。更重要的是，Future 可以选择惰性地检索异步结果，而不是等它们完成。更多信息请参考 Java 文档 "Interface Future<V>"（接口 Future<V>）。

2.4.1　生产者属性

当创建 KafkaProducer 实例时，传递了一个包含生产者配置信息的 java.util.Properties 参数。KafkaProducer 的配置并不复杂，但在设置时需要考虑一些关键属性，例如，可以在配置中指定自定义的分区器。这里要介绍的属性太多了，因此我们只看一下代码清单 2-3 中使用的属性。

- 服务器引导——bootstrap.servers 是一个用逗号分隔的 host：port 值列表。最终，生产者将使用集群中的所有代理。此外，此列表用于初始连接到 Kafka 集群。
- 序列化器——key.serializer 和 value.serializer 通知 Kafka 如何将键和值转化为字节数组。在内部，Kafka 使用键和值的字节数组，因此在将消息通过网络发送之前需要向 Kafka 提供正确的序列化器，以将对象转换为字节数组。
- 确认应答——acks 指定生产者认为在一条记录发送完成之前需要等待的从代理返回的最小确认数。acks 的有效值为 all、0 和 1。当值为 all 时，生产者需要等待一个代理接收到所有追随者代理都已提交记录的确认。当值为 1 时，代理将记录写入其日志，但不用等待所有的追随者代理来确认提交了记录。当值为 0 时，意味着生产者不用等待任何确认——这基本上是"即发即弃"。
- 重试——如果发送一批消息失败，retries 指定失败后尝试重发的次数。如果记录的顺序很重要，那么应该考虑设置 max.in.flight.requests.connection 为 1，以防止失败的记录在重试发送之前第二批记录成功发送的情景。

- 压缩类型——如果使用数据压缩的话，compression.type 配置项用来指定要采用的压缩算法。如果设置了 compression.type，compression.type 会通知生产者在发送数据前对本批次的数据进行压缩。注意，是对整个批次进行压缩，而不是单条记录。
- 分区器类——partitioner.class 指定实现 Partitioner 接口的类的名称。partitioner.class 与我们在 2.3.7 节中介绍的自定义分区器有关。

更多生产者相关的配置信息请参见 Kafka 官方文档。

2.4.2　指定分区和时间戳

当创建一个 ProducerRecord 对象时，可以选择指定分区、时间戳或者两者都指定。在代码清单 2-3 中实例化 ProducerRecord 时，使用了 4 个重载构造方法中的一个。其他构造方法允许设置分区和时间戳，或者只设置分区，代码如下：

```
ProducerRecord(String topic, Integer partition, String key, String value)
ProducerRecord(String topic, Integer partition,
               Long timestamp, String key,
               String value)
```

2.4.3　指定分区

在 2.3.5 节中，我们讨论了 Kafka 分区的重要性。我们也讨论了 DefaultPartitioner 的工作原理以及如何提供一个自定义分区器。为什么要显式设置分区？可能有多种业务上的原因，下面是其中一个例子。

假设传入的记录都有键，但是记录被分发到哪个分区并不重要，因为消费者有逻辑来处理该键包含的任何数据。此外，键的分布可能不均匀，但你希望确保所有的分区接收到的数据量大致相同，代码清单 2-4 给出的是一个粗略的实现方案。

代码清单 2-4　手动设置分区

```
AtomicInteger partitionIndex = new AtomicInteger(0);

int currentPartition = Math.abs(partitionIndex.getAndIncrement())%
    numberPartitions;
ProducerRecord<String, String> record =
    new ProducerRecord<>("topic", currentPartition, "key", "value");
```

创建一个 AtomicInteger 实例变量　　　　　　　　　　获取当前分区并将其作为参数

上面的代码调用 Math.abs，因此对于 Math.abs 求得的整型值，如果该值超出 Integer.MAX_VALUE，也不必关注。

定义　AtomicInteger 属于 java.util.concurrent.atomic 包，该包包含支持对单个变量进行无锁、线程安全的操作的类。若需要更多信息，请参考 Java 官方文档关于 java.util.concurrent.atomic 包的介绍。

2.4.4　Kafka 中的时间戳

Kafka 从 0.10 版本开始在记录中增加了时间戳，在创建 ProducerRecord 对象时调用以下重载的构造函数设置了时间戳。

```
ProducerRecord(String topic, Integer partition,
➡ Long timestamp, K key, V value)
```

如果没有设置时间戳，那么生产者在将记录发送到 Kafka 代理之前将会使用系统当前的时钟时间。时间戳也受代理级别的配置项 log.message.timestamp.type 的影响，该配置项可以被设置为 CreateTime（默认类型）和 LogAppendTime 中的一种。与许多其他代理级别的配置一样，代理级别的配置将作为所有主题的默认值，但是在创建主题时可以为每个主题指定不同的值[①]。如果时间戳类型设置为 LogAppendTime，并且在创建主题时没有覆盖代理级别对时间戳类型的配置，那么当将记录追加到日志时，代理将使用当前的时间覆盖时间戳，否则，使用来自 ProducerRecord 的时间戳。

两种时间戳类型该如何选择呢？LogAppendTime 被认为是"处理时间"，而 CreateTime 被认为是"事件时间"，选择哪一种类型取决于具体的业务需求。这就要确定你是否需要知道 Kafka 什么时候处理记录，或者真实的事件发生在什么时候。在后面的章节，将会看到时间戳对于控制 Kafka Streams 中的数据流所起的重要作用。

2.5　消费者读取消息

我们已经知道了生产者的工作原理，现在是时候来看看 Kafka 的消费者。假设你正在构建一个原型应用程序用于展示 ZMart 最近的销售统计数据。对于这个示例，将消费先前生产者示例中发送的消息。因为这个原型处于早期阶段，所以此时要做的就是消费消息并将消息打印到控制台。

注意　因为本书所探讨的 Kafka Streams 的版本要求 Kafka 的版本为 0.10.2 或者更高版本，所以我们仅讨论新的消费者，它是在 Kafka 0.9 版本中发布的。

KafkaConsumer 是用来从 Kafka 消费消息的客户端。KafkaConsumer 类很容易使用，但是有一些操作事项需要重视。图 2-15 展示了 ZMart 的体系架构，突出了消费者在数据流中所起的作用。

---

① 主题级别的配置将会覆盖代理级别的配置。　　——译者注

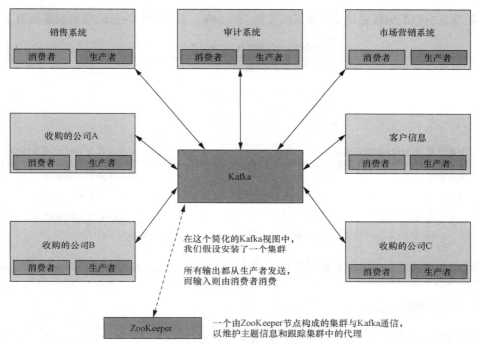

图 2-15　这些是从 Kafka 读取消息的消费者，正如生产者不知道消费者一样，
消费者从 Kafka 读取消息时也不知道是谁生产的消息

2.5.1　管理偏移量

KafkaProducer 基本上是无状态的，然而 KafkaConsumer 需要周期性地提交从 Kafka
消费的消息的偏移量来管理一些状态。偏移量唯一标识消息，并表示消息在日志中的起始位置。
消费者需要周期性地提交它们已接收到的消息的偏移量。

对一个消费者来说，提交一个偏移量有两个含义。

- 提交意味着消费者已经完全处理了消息。
- 提交也表示在发生故障或者重启时该消费者消费的起始位置。

如果创建了一个新消费者实例或者发生了某些故障，并且最后提交的偏移量不可用，那么消
费者从何处开始消费取决于具体的配置。

- auto.offset.reset="earliest"——将从最早可用的偏移量开始检索消息，任何
  尚未被日志管理进程移除的消息都会被检索到。
- auto.offset.reset="latest"——将从最新的偏移量开始检索消息，本质上仅从消
  费者加入集群的时间点开始消费消息。
- auto.offset.reset="none"——不指定重置策略，代理将会向消费者抛出异常。

从图 2-16 可以看到选择不同的 auto.offset.reset 设置的影响。如果设置为 earliest，

那么收到消息的起始偏移量是 0；如果设置为 latest，那么取得消息的起始偏移量为 11。

图 2-16　将 auto.offset.reset 设置为 earliest 与 latest 的图形对比表示。
设置为 earliest，消费者将会得到所有未被删除的消息；设置为 latest
意味着消费者需要等待下一条可用消息到达

接下来，我们需要讨论偏移量提交的选项，你可以自动提交也可以手动提交。

2.5.2　自动提交偏移量

默认情况下，消费者使用的是自动提交偏移量，通过 enable.auto.commit 属性进行设置。还有一个与 enable.auto.commit 配合使用的配置项 auto.commit.interval.ms，用来指定消费者提交偏移量的频率（默认值是 5 秒）。调整这个频率值要谨慎，如果设置太小，将会增加网络流量；如果设置太大，可能会导致在发生故障或重启时消费者收到大量重复数据。

2.5.3　手动提交偏移量

手动提交偏移量有两种方式——同步和异步。同步提交方式的代码如下：

```
consumer.commitSync()
consumer.commitSync(Map<TopicPartition, OffsetAndMetadata>)
```

无参的 commitSync() 方法在上一次检索（轮询）成功返回所有的偏移量之前会一直阻塞，此方法适用于所有订阅的主题和分区。另一个方法需要一个 Map<TopicPartiton，OffsetAndMetadata>类型的参数，它只会提交 Map 中指定的偏移量、分区和主题。

异步提交也有与同步提交类似的方法，consumer.commitAsync() 方法是完全异步的，提交后立即返回。其中一个重载方法是无参的，两个 consumer.commitAsync 方法都可选择地提供一个 OffsetCommitCallback 回调对象，它在提交成功或者失败时被调用。通过提供回调实例可以实现异步处理或者异常处理。使用手工提交的好处是可以直接控制记录何时被视为已处理。

2.5.4 创建消费者

创建一个消费者与创建一个生产者类似，提供一个以 `java.util.Properties` 形式的
Java 对象的配置，然后返回一个 `KafkaConsumer` 实例。该实例订阅由主题名称列表提供或
者由正则表达式指定的主题。通常，会在一个循环中以指定毫秒级的间隔周期性地运行消费
者轮询。

轮询的结果是一个 `ConsumerRecords<K, V>` 对象，`ConsumerRecords` 实现了 `Iterable`
接口，每次调用 `next()` 方法返回一个包括消息的元数据以及实际的键和值的 `ConsumerRecord`
对象。

在处理完上一次轮询调用返回的所有 `ConsumerRecord` 对象之后，又会返回到循环的顶部，
再次轮询指定的同期。实际上，期望消费者以这种轮询方式无限期地运行，除非发生错误或者应
用程序需要关闭和重启（这就是提交的偏移量要发挥作用的地方——在重启时，消费者从停止的
地方继续消费）。

2.5.5 消费者和分区

通常需要多个消费者实例——主题的每个分区都有一个消费者实例。可以让一个消费者从多
个分区中读取数据，但是通常的做法是使用一个线程数与分区数相等的线程池，每个线程运行一
个消费者，每个消费者被分配到一个分区。

这种每个分区一个消费者的模式最大限度地提高了吞吐量，但如果将消费者分散在多个应用
程序或者服务器上时，那么所有实例的线程总数不要超过主题的分区总数。任何超过分区总数的
线程都将是空闲的。如果一个消费者发生故障，领导者代理将会把分配给该故障消费者的分区重
新分配给另一个活跃的消费者。

注意 这个例子展示了一个消费者订阅一个主题的情况，但是这种情况仅是为了阐述的目的。大
家可以让一个消费者订阅任意数量的主题。

领导者代理将主题的分区分配给具有相同 `group.id` 的所有可用的消费者，`group.id` 是
一个配置项，用来标示消费者属于哪一个消费者组——这样一来，消费者就不需要位于同一台机
器上。事实上，最好让消费者分散在几台机器上。这样，当一台服务器发生故障时，领导者代理
可以将主题分区重新分配给一台正常运行的机器上的消费者。

2.5.6 再平衡

在 2.5.5 节中描述的向消费者添加和移除主题分区（topic-partition）分配的过程被称为再平
衡。分配给消费者的主题分区不是静态的，而是动态变化的。当添加一些具有相同消费者组 ID
的消费者时，将会从活跃的消费者中获取一些当前的主题分区，并将它们分配给新的消费者。这

个重新分配的过程持续进行，直到将每个分区都分配给一个正在读取数据的消费者。

在达到这个平衡点之后[①]，任何额外的消费者都将处于空闲状态。当消费者不管由于什么原因离开消费者组时，分配给它们的主题分区被重新分配给其他消费者。

2.5.7　更细粒度的消费者分配

在 2.5.5 节中，我们描述了使用线程池及多个消费者（在同一个消费者组）订阅同一个主题。尽管 Kafka 会平衡所有消费者的主题分区负载，但是主题和分区的分配并不是确定性的，你并不知道每个消费者将收到哪个主题分区对。

KafkaConsumer 有一个允许订阅特定主题和分区的方法，代码如下：

```
TopicPartition fooTopicPartition_0 = new TopicPartition("foo", 0);
TopicPartition barTopicPartition_0 = new TopicPartition("bar", 0);

consumer.assign(Arrays.asList(fooTopicPartition_0, barTopicPartition_0));
```

在手动进行主题分区分配时，需要权衡以下两点。

- 故障不会导致重新分配主题分区，即使对于使用相同消费者组 ID 的消费者。任何分配上的变化都需要调用一次 consumer.assign 方法。
- 消费者指定消费者组是用于提交偏移量，但是由于每个消费者是独立运行的，因此给每个消费者指定一个唯一的消费者组 ID 是一个很好的想法。

2.5.8　消费者示例

代码清单 2-5 给出的是 ZMart 原型消费者的代码，该消费者消费交易数据并打印到控制台。完整代码可以在源代码 src/main/java/bbejeck.chapter_2/consumer/ThreadedConsumerExample.java 类中找到。

代码清单 2-5　ThreadedConsumerExample 示例

```
public void startConsuming() {
        executorService = Executors.newFixedThreadPool(numberPartitions);
        Properties properties = getConsumerProps();

        for (int i = 0; i < numberPartitions; i++) {
            Runnable consumerThread = getConsumerThread(properties);    ← 创建一
            executorService.submit(consumerThread);                        个消费
        }                                                                  者线程
    }

    private Runnable getConsumerThread(Properties properties) {
        return () -> {
```

---

① 这个平衡点是指同一个消费组下的消费者已将主题分区分配完毕。——译者注

```
              Consumer<String, String> consumer = null;
              try {
                  consumer = new KafkaConsumer<>(properties);
                  consumer.subscribe(Collections.singletonList(
  ⮕ "test-topic"));
                      while (!doneConsuming) {
                          ConsumerRecords<String, String> records =
  consumer.poll(5000);
                          for (ConsumerRecord<String, String> record : records) {
                              String message = String.format("Consumed: key =
  ⮕ %s value = %s with offset = %d partition = %d",
                                      record.key(), record.value(),
                                      record.offset(), record.partition());
                              System.out.println(message);
                          }

                      }
              } catch (Exception e) {
                  e.printStackTrace();
              } finally {
                  if (consumer != null) {
                      consumer.close();
                  }
              }
          };
      }
```

订阅主题

5 秒钟轮询一次

打印格式化的消息

关闭消费者，否则会导致资源泄露

这个例子省略了类的其他代码——它不会独立存在。可以在本章的源代码中找到完整的示例。

2.6 安装和运行 Kafka

当我写本书时，Kafka 的最新版本是 1.0.0。因为 Kafka 是一个 Scala 项目，所以每次发布有两个版本：一个用于 Scala 2.11；另一个用于 Scala 2.12。本书使用 Scala 2.12 版本的 Kafka。尽管大家可以下载发行版，本书源代码中也包括 Kafka 的二进制发行版，它将与本书阐述和描述的 Kafka Streams 一起工作。要安装 Kafka，从本书 repo 管理的源代码中提取.tgz 文件，放到自己机器上的某个目录中。

注意 Kafka 的二进制版本包括 Apache ZooKeeper，因此不需要额外的安装工作。

2.6.1 Kafka 本地配置

如果接受 Kafka 的默认配置，那么本地运行 Kafka 需要配置的地方就很少。默认情况下，Kafka 使用 9092 端口，ZooKeeper 使用 2181 端口。假设本地没有应用程序使用这些端口，那么一切就绪了。

Kafka 将日志写入/tmp/kafka-logs 目录下，ZooKeeper 使用/tmp/zookeeper 目录存储日志。根

据自身服务器情况，可能需要更改这些目录的权限或所有权，抑或是需要修改写日志的位置。

　　为了修改 Kafka 日志目录，cd 命令进入 Kafka 安装路径的 config 目录，打开 server. properties 文件，找到 log.dirs 配置项，修改该配置项的值为任何你想使用的路径。在同一个目录下，打开 zookeeper.properties 文件，可以修改 dataDir 配置项的值。

　　稍后我们将会在本书中详细介绍 Kafka 的配置，但现在所需要做的配置仅此而已。需要注意的是，这些说的 "日志" 是 Kafka 和 ZooKeeper 的真实数据，并不是用于跟踪应用行为的应用层面的日志。应用日志位于 Kafka 安装目录的 logs 目录下。

2.6.2　运行 Kafka

　　Kafka 启动很简单，由于 ZooKeeper 对于 Kafka 集群正确运行（ZooKeeper 决定领导者代理、保存主题信息、对集群中各成员执行健康检查等）是必不可少的，因此在启动 Kafka 之前需要先启动 ZooKeeper。

　　注意　从现在开始，所有对目录的引用均假设当前工作在 Kafka 安装目录下。如果使用的是 Windows 机器，目录是 Kafka 安装目录下的/bin/windows。

1. 运行 ZooKeeper

　　要启动 ZooKeeper，打开命令提示符，输入以下命令：

```
bin/zookeeper-server-start.sh config/zookeeper.properties
```

该命令执行后，在屏幕上会看到很多信息，但结尾会看到与图 2-17 所示类似的信息。

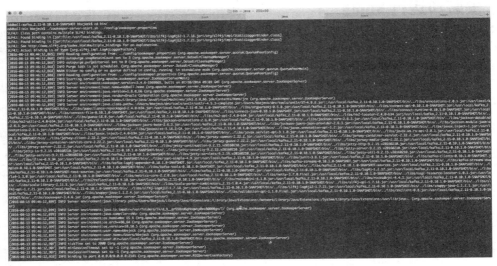

图 2-17　当 ZooKeeper 启动时，在控制台可以看到的输出信息

2. 启动 Kafka

打开另一个命令提示符，输入以下命令，启动 Kafka：

```
bin/Kafka-server-start.sh  config/server.properties
```

同样，会在屏幕上看到滚动的文本。当 Kafka 完全启动时，会看到与图 2-18 所示类似的信息。

图 2-18 Kafka 启动时的输出信息

提示   ZooKeeper 对 Kafka 运行必不可少，因此在关闭时要调换顺序：先关闭 Kafka，再关闭 ZooKeeper。要关闭 Kafka，可以在 Kafka 运行终端按下 Ctrl+C，或在另一个终端执行 `kafka-server-stop.sh` 脚本。除了关闭脚本是 `zookeeper-server-stop.sh`，关闭 ZooKeeper 的操作与关闭 Kafka 的操作相同。

2.6.3 发送第一条消息

既然 Kafka 已启动并开始运行了，现在是时候使用 Kafka 来发送消息和接收消息了。但是，在发送消息前，需要先为生产者定义一个发送消息的主题。

1. 第一个主题

在 Kafka 中创建一个主题很简单，仅需要运行一个带有一些配置参数的脚本。配置很简单，但是这些配置的设置有广泛的性能影响。

默认情况下，Kafka 被配置为自动创建主题，这意味着如果尝试向一个不存在的主题发送或读取消息，那么 Kafka 代理就会创建一个主题（使用 server.properties 文件中的默认配置）。即使在开发中，依靠代理创建主题也不是一个好的做法，因为第一次尝试生产或消费会失败，这是由于需要时间来传播关于主题存在的元数据信息。需要确保总是主动地创建主题。

2. 创建一个主题

要创建主题，需要运行 kafka-topics.sh 脚本。打开一个终端窗口，运行以下命令：

```
bin/kafka-topics.sh --create --topic first-topic --replication-factor 1
➡ --partitions 1 --zookeeper localhost:2181
```

当脚本执行后，在终端控制台应该会看到类似如图 2-19 所示的信息。

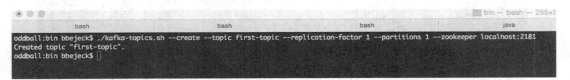

图 2-19　这是创建主题的结果，事先创建主题很重要，可以提供特定主题的配置。
否则，自动创建主题将使用默认配置或者 server.properties 文件中的配置

前面命令中的大多数配置标记的含义都显而易见，但还是让我们快速了解一下其中的两个配置。

- replication-factor——此标记确定领导者代理在集群中分发消息的副本数。在这种情况下，如果副本因子为 1，那么就不会复制，Kafka 中保存的仅是原始消息。副本因子为 1 对于快速演示或者原型是可以的，但在实践中，几乎总是希望副本因子为 2 或 3，以便在服务器发生故障时保证数据可用性。

- partitions——此标记用于指定主题将用到的分区数。同样，这里只有一个分区是可以的，但是如果想要更高的负载，当然就需要更多的分区。确定合适的分区数不是一门精确的科学[①]。

3. 发送一条消息

在 Kafka 中发送消息通常需要编写一个生产者客户端，但 Kafka 也自带了一个名为 kafka-console-producer 的方便脚本，允许从终端窗口发送消息。在这个例子中我们将使用控制台生产者，但是在 2.4.1 节中，我们已经介绍了如何使用 KafkaProducer。

运行以下命令（图 2-20 中展示的也是）发送第一条消息：

```
# 假设在 bin 目录下运行该命令
./kafka-console-producer.sh --topic first-topic --broker-list localhost:9092
```

配置控制台生产者有几个选项，但这里我们仅使用必需的配置：消息送达的主题以及连接到 Kafka 的一个 Kafka 代理列表（对于本例，只是本地一台机器）。

---

① 我们并不能给出一个确切的分区数，这要根据实际应用场景。　——译者注

启动控制台生产者是一个"阻塞脚本",因此在执行前面的命令之后,输入一些文本并按回车键。可以发送你想要发送的任何数量的消息。但本例为了演示,可以输入一条消息"the quick brown fox jumped over the lazy dog.",并按回车键,然后按 Ctrl+C 让生产者退出。

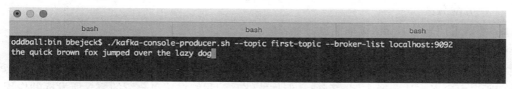

图 2-20 控制台生产者是用来快速测试配置和确保端到端功能的一个很好工具

4. 读取一条消息

Kafka 也提供了一个控制台消费者用来从命令行读取消息。控制台消费者类似于控制台生产者:一旦启动,将持续从主题中读取消息直到脚本被终止(通过 Ctrl+C)。

运行以下命令,启动控制台消费者:

```
bin/kafka-console-consumer.sh --topic first-topic
  --bootstrap-server localhost:9092 --from-beginning
```

在启动控制台消费者之后,在终端控制台可以看到与图 2-21 所示类似的信息。

图 2-21 控制台消费者是一个方便的工具,可以快速地感知数据
是否正在流动以及消息是否包含预期的信息

--from-beginning 参数指定将会收到来自那个主题的任何未被删除的消息。控制台消费者还没有提交偏移量,因此若没有设置--from-beginning,那么只会收到控制台消费者启动之后所发送的消息。

我们已完成了 Kafka 的旋风之旅,并生产和消费了第一条消息。如果你还没有阅读本章第一部分,现在是时候回到本章起始处去学习 Kafka 工作原理的细节。

2.7 小结

- Kafka 是一个消息代理,它接收消息并以一种简单快速的方式存储它们,以响应消费者的请求。消息从不会推送到消费者,Kafka 中的消息保留完全独立于消息被消费的时间和频率。

- Kafka 使用分区来实现高吞吐量，并提供一种按键分组并保证相同键的消息有序的方法。
- 生产者用来向 Kafka 发送消息。
- 空键意味着以轮询的方式分配分区，否则，生产者使用键的散列值与分区总数取模的方法分配分区。
- 消费者用来从 Kafka 读取消息。
- 尝试均匀地将主题分区分配给一个消费者组中的消费者。

下一章，我们将以零售业中的一个具体的例子开始讨论 Kafka Streams。尽管 Kafka Streams 将处理所有生产者和消费者实例的创建，但你能够看到我们在这里介绍的概念所发挥的作用。

第二部分

Kafka Streams 开发篇

本部分的内容基于前面内容的基础之上，在开发第一个 Kafka Streams 应用程序时将 Kafka Streams 的心智模型转化为实践应用。一旦付诸实践，我们将介绍 Kafka Streams 的一些重要 API。

首先将会介绍如何将状态应用到流式应用程序中，以及如何使用状态来执行连接操作，就像运行 SQL 查询时所执行的连接一样。然后将对 Kafka Streams 一个新的抽象进行介绍——KTable API。本部分从高级 DSL 开始讨论，但是我们最终将通过讨论低级处理器 API 以及如何使用它来让 Kafka Streams 做任何你需要其做的事情来总结。

第 3 章　开发 Kafka Streams

本章主要内容
- 介绍 Kafka Streams API。
- 为 Kafka Streams 构造 Hello World。
- 深入探讨 ZMart 的 Kafka Streams 应用程序。
- 将传入的流切分为多个流。

在第 1 章中，我们已经了解了 Kafka Streams 库，学会了构造一个处理节点构成的拓扑或在数据流入 Kafka 时将它们转换为一张图。在本章，将会学习如何通过 Kafka Streams API 来构造这个数据处理的拓扑。

Kafka Streams API 是用于构建 Kafka Streams 应用程序的接口。我们会学到如何组装 Kafka Streams 应用程序，但更重要的是，我们会更深入地理解各组件如何协同工作以及如何使用 Kafka Streams API 达到流式处理的目的。

3.1　流式处理器 API

Kafka Streams DSL 是一种用于快速构建 Kafka Streams 应用程序的高级 API。高级 API 设计得比较好，包括能够处理大多数流式处理需求的开箱即用的方法，这样就可以毫不费力地创建一个复杂的流式处理程序。高级 API 的核心是 KStream 对象，该对象代表流键/值对记录。

Kafka Streams DSL 的大部分方法都返回一个 KStream 对象的引用，允许一种连贯接口（fluent interface[①]）的编程风格。此外，很大一部分 KStream 方法接受由单方法接口组成的类型，允许使用 Java 8 的 lambda 表达式。考虑到以上这些因素，可以想象构建一个 Kafka Streams 程序非常简单而容易。

早在 2005 年，Martin Fowler 和 Eric Evans 就提出了连贯接口的概念——接口的方法调用返

---

① "fluent interface" 也有人将这个词翻译为流畅界面。——译者注

回值与起初的调用方法是同一个实例。这种方式在构造具有多个参数的对象如 `Person.builder().firstName("Beth").withLastName("Smith").withOccupation("CEO")` 时非常有用。在 Kafka Streams 中有一个小但很重要的区别：返回的 `KStream` 对象是一个新实例，而不是起初调用方法的实例。

还有一个低级 API，即处理器 API，它没有 Kafka Streams DSL 那么简明，但是允许更多的控制，第 6 章中将介绍处理器 API。介绍完这些之后，让我们深入 Kafka Streams 必备的 Hello World 程序中[①]。

3.2　Kafka Streams 的 Hello World

对于第一个 Kafka Streams 例子，我们将偏离第 1 章中概述的问题，直接举一个更简单的用例，这样可以很快地了解 Kafka Streams 是如何工作的。在稍后 3.2.1 节我们以一个更加实际和具体的示例回到第 1 章提出的问题。

第一个 Kafka Streams 程序将是一个玩具应用程序，它接收传入的消息并将它们转换成大写字符，有效地对读取消息的任何人大喊大叫，我们称之为"Yelling App"。

在深入研究代码之前，让我们先看看为这个应用程序组装的处理拓扑。遵循与第 1 章相同的模式，构造一个处理图拓扑，图中的每个节点都具有一个特定的功能。主要的区别在于这个图更简单，如图 3-1 所示。

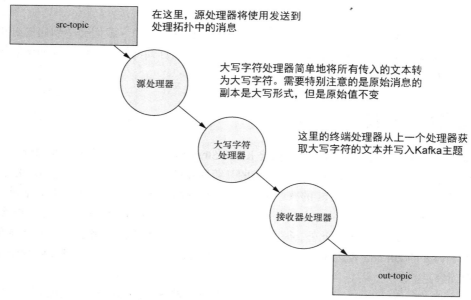

图 3-1　"Yelling App"的图（拓扑）

---

① 我们学习一门语言或一种框架总是从简单的 Hello World 着手。——译者注

正如在图 3-1 中看到的，我们正在构建一个简单的处理图——它非常简单，以至于与典型的树状图结构相比，它更像一个节点链表。但是该图已提供了关于代码中预期内容的足够线索。有一个源节点，一个将传入文本转化为大写字符的处理器节点，以及一个将结果写入 Kafka 主题的接收器处理器（sink processor）。

这是一个简单的例子，但是这里显示的代码却代表了将在其他 Kafka Streams 程序中看到的内容。在大多数例子中将会看到类似下面这样的结构。

（1）定义配置项。

（2）创建自定义或预定义的 Serde 实例。

（3）创建处理器拓扑。

（4）创建和启动 KStream。

记住这一点：当我们接触更高级的例子时，主要区别在于处理器拓扑的复杂性。现在是时候构建第一个 Kafka Streams 应用程序了。

3.2.1　构建"Yelling App"的拓扑

创建任何 Kafka Streams 应用程序的第一步是创建一个源节点。源节点负责从一个主题中消费记录，这些记录将流经应用程序。图 3-2 突出显示了图中的源节点。

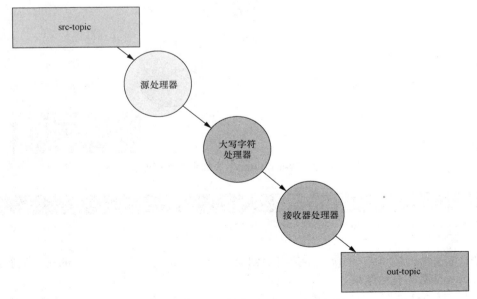

图 3-2　创建"Yelling App"的源节点

代码清单 3-1 中的代码创建了图 3-2 中的源节点或父节点。

```
KStream<String, String> simpleFirstStream = builder.stream("src-topic",
➡  Consumed.with(stringSerde, stringSerde));
```

代码清单 3-1 中的 simpleFirstStream 实例被设置为从写入主题 src-topic 的消息中消费消息。除了指定主题名，还提供了 Serde 类型对象（通过 Consumed 实例指定）用于将 Kafka 中的记录进行反序列化。每当在 Kafka Streams 中创建一个源节点时，都将使用 Consumed 类来指定任何可选参数。

现在，应用程序已经有了一个源节点，但是还需要增加一个处理节点来使用数据，如图 3-3 所示。用于增加处理器（源节点的子节点）的代码如代码清单 3-2 所示，通过这行代码，将会创建另一个 KStream 实例，它是父节点的子节点。

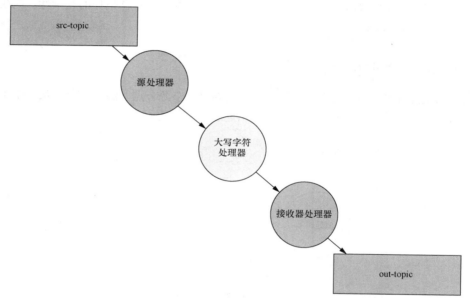

图 3-3　为"Yelling App"添加大写字符处理器

```
KStream<String, String> upperCasedStream =
➡  simpleFirstStream.mapValues(String::toUpperCase);
```

调用 KStream.mapValues 函数将会创建一个新的处理节点。该节点的输入是通过调用 mapValues 函数得到的结果。

特别需要记住的是，不应该修改 ValueMapper 提供给 mapValues 函数的原始值。 upperCasedStream 实例接收由 simpleFirstStream 实例调用 mapValues 方法将原始值进行转换后的副本。对于本例，就是大写字符的文本。

mapValues() 方法接受 `ValueMapper<V, V1>`接口的实例，该接口只定义了一个 `ValueMapper.apply` 方法，非常合适使用 Java 8 的 lambda 表达式。如本例的 `String:: toUpperCase`，它是一个方法引用，是 Java 8 更短形式的 lambda 表达式。

注意 许多 Java 8 的教程都有关于 lambda 表达式和方法引用的介绍，一个不错的参考资料是 Oracle 的 Java 文档 "Lambda Expressions"（Lambda 表达式）和 "Method References"（方法引用）。

你可能使用了 `s→s.toUpperCase()`形式，但是由于 `toUpperCase()`方法是 `String` 类的实例方法，因此可以使用方法引用。

在本书中，大家将会一而再再而三地看到对于流式处理器的 API 使用的是 lambda 表达式而不是具体实现。因为大多数方法需要的类型都是单个方法的接口，所以可以轻松地使用 Java 8 的 lambda 表达式。

至此，Kafka Streams 应用程序正在从 Kafka 消费记录并将这些记录转换为大写字符。最后一步是添加一个将结果写入 Kafka 主题的接收器处理器。图 3-4 展示了构建拓扑所处的阶段。

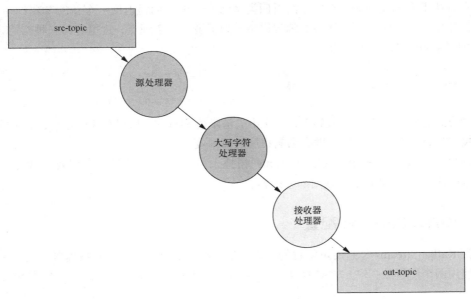

图 3-4 增加一个处理器，用于写入 "Yelling App" 的结果

代码清单 3-3 所示的一行代码用于在图中增加最后一个处理器。

代码清单 3-3 创建一个接收器节点

```
upperCasedStream.to("out-topic", Produced.with(stringSerde, stringSerde));
```

`KStream.to` 方法在拓扑中创建一个接收器处理节点，接收器处理器将记录写回到 Kafka。

本例的接收器节点从 `upperCasedStream` 处理器获取记录，并将这些记录写入一个名为 `out-topic` 的主题中。同样，需要提供 Serde 实例，这次是将写入 Kafka 主题的记录进行序列化。但在这种情况下，可以使用 `Produced` 类型的实例，该实例提供用于在 Kafka Streams 中创建一个接收器节点的可选参数。

> **注意**   不必总要为 `Consumed` 或 `Produced` 对象提供 Serde 对象，如果没有提供，那么应用程序就会使用配置中列出的序列化器/反序列化器。此外，通过 `Consumed` 和 `Produced` 类，可以为键或值中的任何一个指定一个 Serde。

前面的示例使用 3 行代码来构建拓扑，代码如下：

```
KStream<String,String> simpleFirstStream =
   builder.stream("src-topic", Consumed.with(stringSerde, stringSerde));
KStream<String, String> upperCasedStream =
   simpleFirstStream.mapValues(String::toUpperCase);
   upperCasedStream.to("out-topic", Produced.with(stringSerde, stringSerde));
```

每一步在代码中对应单独一行，用来说明拓扑构建过程的不同阶段。但是，`KStream` API 中的所有方法不会创建终端节点（方法返回类型为 `void`），而是返回一个新的 `KStream` 实例，这就允许使用前面提到的连贯接口的编程风格。为了说明这个观点，这里有另一种构建 "Yelling App" 拓扑结构的方式，代码如下：

```
builder.stream("src-topic", Consumed.with(stringSerde, stringSerde))
   .mapValues(String::toUpperCase)
   .to("out-topic", Produced.with(stringSerde, stringSerde));
```

这种方式将代码从 3 行缩短到 1 行，又不失清晰度和目的。从现在开始，所有的示例都将使用连贯接口风格编写，除非这样做会影响程序的清晰度。

现在已经构建了第一个 Kafka Streams 拓扑，但是我们忽略了一个重要步骤——配置和 Serde 的创建，现在来介绍下这两部分内容。

3.2.2   Kafka Streams 配置

尽管 Kafka Streams 是高度可配置的，只需根据特定需求调整几个参数配置，但第一个示例我们仅使用两个配置项 `APPLICATION_ID_CONFIG` 和 `BOOTSTRAP_SERVERS_CONFIG`，配置如下：

```
props.put(StreamsConfig.APPLICATION_ID_CONFIG, "yelling_app_id");
props.put(StreamsConfig.BOOTSTRAP_SERVERS_CONFIG, "localhost:9092");
```

这两个设置是必需的，因为没有提供默认值。试图启动一个没有定义这两个属性的 Kafka Streams 程序，将会抛出 `ConfigException`。

属性 `StreamsConfig.APPLICATION_ID_CONFIG` 用于标识 Kafka Streams 应用程序，在一个集群中该配置的值必须唯一。如果没有设置任何值，那么会以客户端 ID 作为前缀，后

接组 ID 作为默认值。客户端 ID 是用户自定义的值，用于唯一标识连接到 Kafka 的客户端。组
ID 用来管理从同一个主题读取消息的一组消费者成员，确保组中的所有消费者都能够有效地读
取订阅的主题。

属性 `StreamsConfig.BOOTSTRAP_SERVERS_CONFIG` 可以是单个的主机名:端口对，也
可以是多个以逗号分隔的主机名:端口对。设置的这个值将 Kafka Streams 应用程序指向其在 Kafka
集群的位置。当我们在本书中探讨更多的例子时，我们将讨论更多的配置项。

3.2.3 Serde 的创建

在 Kafka Streams 中，`Serdes` 类为创建 `Serde` 实例提供了便捷的方法，如下：

```
Serde<String> stringSerde = Serdes.String();
```

这一行代码使用 `Serdes` 类来创建序列化/反序列化所需的 `Serde` 实例。这里，创建一个变
量引用 `Serde` 以便在拓扑中重复使用。`Serdes` 类提供以下类型的默认实现：

- `String`；
- `Byte` 数组；
- `Long`；
- `Integer`；
- `Double`。

`Serde` 接口的实现非常有用，因为它们包含了序列化器和反序列化器，使得不必每次需要
在 `KStream` 方法中提供一个 `Serde` 时指定 4 个参数（键序列化器、值序列化器、键反序列器
和值反序列化器）。在接下来的示例中，将创建一个 `Serde` 的实现来处理类型更加复杂的序列化
/反序列化。

让我们看一下刚刚组合起来的整个程序，如代码清单 3-4 所示。这段代码可以在本书源代码
中找到，位于 src/main/java/bbejeck/chapter_3/KafkaStreamsYellingApp.java。

代码清单 3-4　Hello World: the Yelling App

```
public class KafkaStreamsYellingApp {

    public static void main(String[] args) {                         使用给定属性创建
                                                                     StreamsConfig 对象

                                                                 用于配置 Kafka Streams
        Properties props = new Properties();                         程序的属性

        props.put(StreamsConfig.APPLICATION_ID_CONFIG, "yelling_app_id");
        props.put(StreamsConfig.BOOTSTRAP_SERVERS_CONFIG, "localhost:9092");
创建用于键和值进行序列化/反序
列化的 Serdes 对象
        StreamsConfig streamingConfig = new StreamsConfig(props);

        Serde<String> stringSerde = Serdes.String();
```

```
StreamsBuilder builder = new StreamsBuilder();
```
创建用于构建处理器拓扑的 StreamsBuilder 实例

```
KStream<String, String> simpleFirstStream = builder.stream("src-topic",
    Consumed.with(stringSerde, stringSerde));
```
使用数据源对应的主题创建实际流（图中的父节点）

```
KStream<String, String> upperCasedStream =
    simpleFirstStream.mapValues(String::toUpperCase);
```
使用 Java 8 方法处理的处理器（图中的第一个子节点）

```
upperCasedStream.to( "out-topic",
    Produced.with(stringSerde, StringSerde));
```
将转换后的输出写入另一个主题当中（图中的接收器节点）

```
KafkaStreams kafkaStreams = new KafkaStreams(builder.build(),streamsConfig);

kafkaStreams.start();
Thread.sleep(35000);①
LOG.info("Shutting down the Yelling APP now");
kafkaStreams.close();
    }
}
```
启动 Kafka Streams 线程

现在已构建了第一个 Kafka Streams 应用程序，让我们快速回顾一下涉及的步骤，因为这是在大多数 Kafka Streams 应用程序中可以看到的一般模式，步骤如下。

（1）创建一个 `StreamsConfig` 实例。

（2）创建一个 `Serde` 对象。

（3）构造一个处理拓扑。

（4）启动 Kafka Streams 程序。

除了 Kafka Streams 应用程序的一般结构，这里还有一个要点是尽可能地使用 lambda 表达式，让程序更简明。

现在我们转到一个更复杂的示例，它将允许我们探索更多流式处理器的 API。这是一个新示例，但场景大家已经熟悉了：ZMart 数据处理的目标。

3.3 处理客户数据

在第 1 章中，我们讨论过 ZMart 对处理客户数据的新需求，旨在帮助 ZMart 更有效地开展业务。我们演示了如何构建一个处理器拓扑，这里处理器会对从 ZMart 商店交易流入的购买记录进行处理。图 3-5 再一次展示了完整的图。

让我们简要回顾一下流式处理程序的需求，这也可以很好地描述这个程序将要做什么。

（1）所有记录需要保护信用卡号码，本示例是将信用卡号前 12 位数字屏蔽。

---

① 在实现时需要对该方法做异常处理，Thread.sleep 方法会抛出 InterruptedException。——译者注

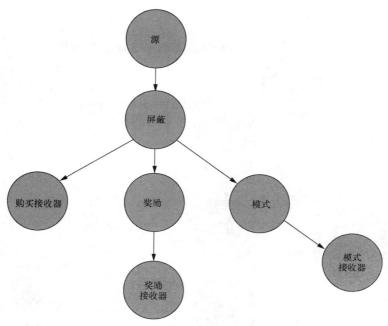

图 3-5 ZMart Kafka Streams 程序的拓扑结构

（2）需要提取购买的物品以及客户的邮编以确定购买模式，这些数据将被写入 Kafka 的一个主题中。

（3）需要获取客户在 ZMart 的会员号和所花费的金额，并将这些信息写入一个主题中。消费者从该主题消费数据进行处理以确定客户的奖励。

（4）需要将完整的交易数据写入主题中，一个存储引擎从该主题消费消息进行特定分析。

正如"Yelling App"程序一样，在构建应用程序时会把连贯接口方式与 Java 8 的 lambda 表达式结合起来。虽然有时很明确一个方法调用返回的是一个 `KStream` 对象，但是有时并非如此。记住，`KStream` API 中的大多数方法都会返回一个新的 `KStream` 实例。现在，让我们构建一个能够满足 ZMart 业务需求的流式应用程序。

3.3.1 构建一个拓扑

现在将深入研究构建处理拓扑。为了将这里编写的代码与第 1 章中的处理拓扑图联系起来，我们将在图中突出显示当前正进行的部分。

1. 构造源节点

首先，通过链式调用 `KStream` API 的两个方法来创建拓扑图的源节点和第一个处理器（图 3-6 中的深色部分）。到目前为止，起始节点的作用应该是相当明显的。拓扑中第一个处理器将负责屏蔽信用卡号以保护客户的隐私。

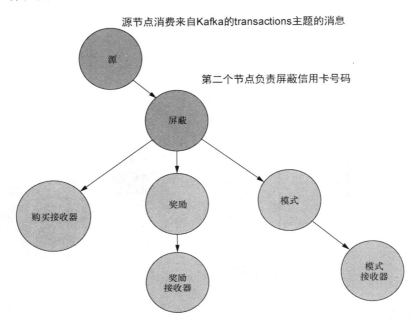

图 3-6　源处理器从 Kafka 主题中消费信息，只提供给屏蔽处理器，使屏蔽处理器成为拓扑其余部分的源

代码清单 3-5 通过调用 StreamsBuilder.stream 方法创建一个源节点，该方法使用一个默认的 String 类型的 Serde、一个自定义的用于 Purchase 对象的 Serde 和流的消息源对应主题的名称。本例中仅指定了一个主题，但是也可以提供一个以逗号分隔的主题名称列表或者正则表达式所匹配的主题名称。

代码清单 3-5　创建源节点和第一个处理器

```
KStream<String,Purchase> purchaseKStream =
    streamsBuilder.stream("transactions",
    Consumed.with(stringSerde, purchaseSerde))
    .mapValues(p -> Purchase.builder(p).maskCreditCard().build());
```

代码清单 3-5 通过 Consumed 实例提供 Serdes，但是这里也可不指定 Serdes，仅指定主题的名称，让程序依赖配置参数中提供的默认的 Serdes。

紧接着下一步调用的是 KStream.mapValues 方法，该方法以 ValueMapper<V,V1>实例作为参数。值映射器（value mapper）接受一种类型（本例是一个 Purchase 对象）的单个参数，并将该参数对应的对象映射成一个新值，可能是另一种类型。本示例中，KStream.mapValues 方法返回与其类型相同的对象（Purchase），但是该对象的信用卡号已做了屏蔽。

注意，当使用 KStream.mapValues 方法时，原始的键并不会变化，不会被分解映射成一个新值。如果想要生成一个新的键/值对或者在生成新值时包括键，那么可以使用 KStream.map

方法，该方法接受一个 `KeyValueMapper<K,V, KeyValue<K1,V1>>` 实例。

2. 关于函数式编程的几点建议

对于 `map` 和 `mapValues` 函数需要记住的一个重要概念是：它们的操作不应该有副作用，这意味着函数不会修改作为参数表示的对象或值。这是由于 KStream API 中的函数式编程方面的原因。函数式编程是一个深层话题，对它进行充分探讨已超出了本书的范围，但这里我们会简要地介绍一下函数式编程的两个主要原则。

第一个原则是避免状态修改。如果对象需要变更或更新，那么就将该对象传递给一个函数，该函数创建一个包含所需变更或更新的原对象的副本或者一个全新的实例。在代码清单 3-5 中，传递给 `KStream.mapValues` 函数的 lambda 表达式用于将 Purchase 对象用屏蔽的信用卡号进行更新，原始 Purchase 对象的信用卡号保持不变。

第二个原则是通过组合几个较小的、用途单一的函数来构建复杂的操作。函数组合是一种模式，在使用 KStream API 时会经常看到。

定义 就本书而言，函数式编程（functional programming）被定义为一种编程方式，该方式中函数作为第一类对象①。此外，函数应该避免产生副作用，如修改状态或变更对象。

3. 创建第二个处理器

现在将构建第二个处理器，它负责从一个主题中抽取模式数据，这里说的模式数据是指 ZMart 用来确定不同地区购买模式的数据。同时，也会添加一个接收器节点，负责将模式数据写入 Kafka 的主题。图 3-7 演示了如何构建这些组件。

在代码清单 3-6 中可以看到 `purchaseKStream` 处理器调用熟悉的 `mapValues` 方法来创建一个 KStream 实例。这个新的 KStream 实例将开始接收由调用 `mapValues` 方法而创建的 PurchasePattern 对象。

代码清单 3-6 第二个处理器和向 Kafka 写入的接收器节点

```
KStream<String, PurchasePattern> patternKStream =
    purchaseKStream.mapValues(purchase ->
    PurchasePattern.builder(purchase).build());

patternKStream.to("patterns",
    Produced.with(stringSerde,purchasePatternSerde));
```

在代码清单 3-6 中，声明了一个变量用来保存新的 KStream 实例的引用，因为将会使用该变量调用 `print` 方法将流的结果打印到控制台，这在开发和调试时非常有用。购买-模式处理器将它接收到的记录进一步传递给自己的一个子节点，该节点由 `KStream.to` 方法定义，将模式

---

① 第一类对象（first-class object）在计算机科学中指可以在执行期创造并作为参数传递给其他函数或存入一个变量的实体。（摘自百度百科）——译者注

数据写入 patterns 主题。注意，使用的是 Produced 对象来提供先前创建的 Serde。

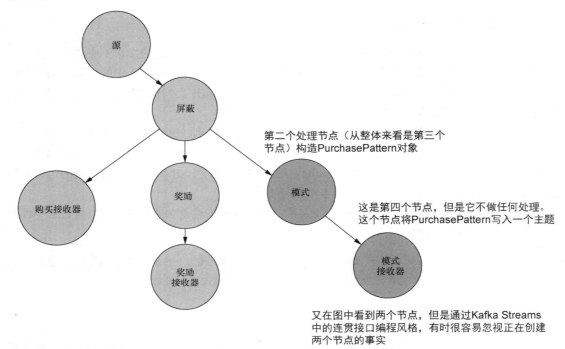

图 3-7　第二个处理节点构建购买-模式信息，接收器节点将 PurchasePattern 对象写入 Kafka 主题

　　KStream.to 方法是 KStream.source 方法的镜像。不是为拓扑设置一个读取数据的源，而是通过 KStream.to 方法定义一个接收器节点，该节点将从 KStream 实例接收到的数据写入 Kafka 主题。KStream.to 方法也提供了重载的版本，通过重载方法可以忽略 Produced 参数，而使用配置中定义的默认 Serdes。Produced 类可设置的一个可选参数是流分区器（StreamPartitioner），这将在后面介绍。

4. 创建第三个处理器

　　拓扑中的第三个处理器是客户奖励累加器节点，如图 3-8 所示，这将使 ZMart 能够追踪其优质客户群的购买情况。奖励累加器将数据发送到 ZMart 总部应用程序消费的主题中，以确定客户完成购买后的奖励。对应代码如代码清单 3-7 所示。

代码清单 3-7　第三个处理器和向 Kafka 写入的终端节点

```
KStream<String, RewardAccumulator> rewardsKStream =
    purchaseKStream.mapValues(purchase ->
    RewardAccumulator.builder(purchase).build());
rewardsKStream.to("rewards",
    Produced.with(stringSerde,rewardAccumulatorSerde));
```

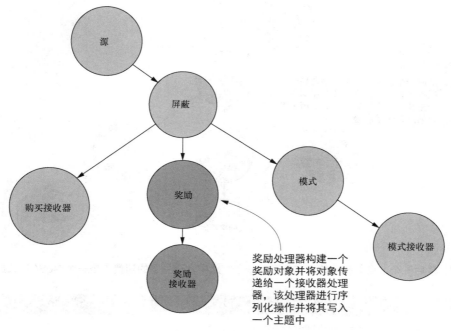

图 3-8　第三个处理器从购买数据中创建一个 `RewardAccumulator`
对象，终端节点将结果写入 Kafka 主题

从代码清单 3-7 可知，使用现在应该熟悉的模式来构建奖励累加器处理器：创建一个新的
`KStream` 实例，该实例用于将包含在记录中的原始购买数据映射为一个新的对象类型。同时还
添加了一个接收器节点到奖励累加器中，以便可以将奖励 `KStream` 的结果写入 Kafka 的一个主
题，并用于确定客户的奖励等级。

5. 创建最后一个处理器

最后，将使用创建的第一个 `KStream` 实例对象 `purchaseKStream`，并附加一个接收器节
点将原始购买记录（当然信用卡号已被屏蔽）写入一个名为 `purchases` 的主题中。`purchases`
主题中的数据将被存储到一个 NoSQL 存储中，诸如 Cassandra、Presto 或者 Elasticsearch，用来
做特殊分析。图 3-9 展示了最后一个处理器，对应代码如代码清单 3-8 所示。

代码清单 3-8　最后一个处理器

```
purchaseKStream.to("purchases", Produced.with(stringSerde, purchaseSerde));
```

我们已经一步一步地构建了应用程序，现在来看看完整的程序代码（src/main/java/bbejeck/
chapter_3/ZMartKafkaStreamsApp.java）。你很快就会注意到，它比之前的 Hello World（那个 "Yelling
App"）示例要复杂得多，如代码清单 3-9 所示。

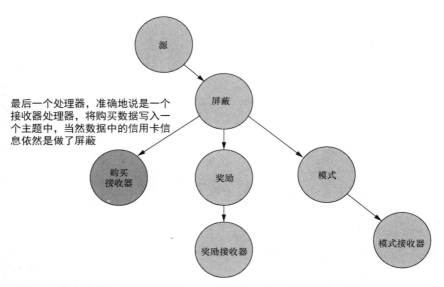

最后一个处理器，准确地说是一个
接收器处理器，将购买数据写入一
个主题中，当然数据中的信用卡信
息依然是做了屏蔽

图 3-9　最后一个节点将整个购买交易写入一个主题中，该主题的消费者是一个 NoSQL 数据存储

代码清单 3-9　ZMart 客户购买行为的 `KStream` 程序

```java
public class ZMartKafkaStreamsApp {

    public static void main(String[] args) {
        // some details left out for clarity

        StreamsConfig streamsConfig = new StreamsConfig(getProperties());

        JsonSerializer<Purchase> purchaseJsonSerializer = new
    JsonSerializer<>();
        JsonDeserializer<Purchase> purchaseJsonDeserializer =
    new JsonDeserializer<>(Purchase.class);
        Serde<Purchase> purchaseSerde =
    Serdes.serdeFrom(purchaseJsonSerializer, purchaseJsonDeserializer);
        //Other Serdes left out for clarity

        Serde<String> stringSerde = Serdes.String();

        StreamsBuilder streamsBuilder = new StreamsBuilder();

        KStream<String,Purchase> purchaseKStream =
    streamsBuilder.stream("transactions",
    Consumed.with(stringSerde, purchaseSerde))
    .mapValues(p -> Purchase.builder(p).maskCreditCard().build());

        KStream<String, PurchasePattern> patternKStream =
    purchaseKStream.mapValues(purchase ->
    PurchasePattern.builder(purchase).build());

        patternKStream.to("patterns",
```

创建 Serde，数据格
式是 JSON

创建源和第一
个处理器

创建 PurchasePattern
处理器

```
⮞   Produced.with(stringSerde,purchasePatternSerde));

        KStream<String, RewardAccumulator> rewardsKStream =
⮞   purchaseKStream.mapValues(purchase ->
⮞   RewardAccumulator.builder(purchase).build());

        rewardsKStream.to("rewards",
⮞   Produced.with(stringSerde,rewardAccumulatorSerde));

        purchaseKStream.to("purchases",
⮞   Produced.with(stringSerde,purchaseSerde));

        KafkaStreams kafkaStreams =
⮞   new KafkaStreams(streamsBuilder.build(),streamsConfig);
        kafkaStreams.start();
    }
}
```

创建 RewardAccumulator
处理器

创建存储接收器，一个被
存储消费者使用的主题

注意　清晰起见，代码清单 3-9 中省略了一些细节。书中的示例代码并不一定是完整独立的，本书
配套源代码提供了完整的例子。

正如所看到的，这个例子比"Yelling App"程序要稍微复杂一点，但是它有一个类似的流程。
具体来说就是仍然执行了以下几个步骤。

（1）创建一个 `StreamsConfig` 实例。

（2）构建一个或多个 `Serde` 实例。

（3）构建处理拓扑。

（4）组装所有组件并启动 Kafka Streams 程序。

在这个应用程序中，提到过使用 `Serde`，但并没有解释为什么或者如何创建它们。现在，
让我们花一点时间来讨论 `Serde` 在 Kafka Streams 应用程序中的作用。

3.3.2　创建一个自定义的 Serde

Kafka 以字节数组的格式传输数据。因为数据格式是 JSON，所以需要告诉 Kafka 如何先将
一个对象转换成 JSON，然后当要将数据发送到主题时再转换成一个字节数组。反之，需要指定
如何将消费的字节数组转换成 JSON，然后再转换成处理器使用的对象类型。将数据进行不同格
式之间的转换就是为什么需要 `Serde` 的原因。有些 `Serde`（`String`、`Long`、`Integer` 等）
是由 Kafka 客户端依赖项提供的，但是需要为其他对象创建自定义的 `Serde`。

在第一个示例中，"Yelling App"应用程序仅需要一个字符串序列化器/反序列化器，由
`Serdes.String()` 工厂方法提供实现。然而，在 ZMart 示例中，就需要自定义一个 `Serde` 实
例，因为对象类型是任意的。我们来看看为 `Purchase` 类创建一个 `Serde` 的过程，我们不讨论
其他 `Serde` 实例，因为它们遵循相同的模式，只是类型不同而已。

创建一个 `Serde` 需要实现 `Deserializer<T>` 和 `Serializer<T>` 接口，我们将使用代码
清单 3-10 和代码清单 3-11 实现的整个例子。此外，将使用谷歌公司的 Gson 库将对象与 JSON 之

间进行互相转换。代码清单 3-10 给出的是序列化器，代码见 src/main/java/bbejeck/util/serializer/
JsonSerializer.java。

```
public class JsonSerializer<T> implements Serializer<T> {

    private Gson gson = new Gson();          ◁—┤ 创建 Gson 对象

    @Override
    public void configure(Map<String, ?> map, boolean b) {

    }

    @Override
    public byte[] serialize(String topic, T t) {
        return gson.toJson(t).getBytes(Charset.forName("UTF-8"));   ◁——┐
    }                                                        将一个对象序
                                                             列化为字节
    @Override
    public void close() {

    }
}
```

对于代码清单 3-10 中的序列化操作，首先将对象转换成 JSON 字符串，然后获取该字符串
的字节。为了将对象转换成 JSON 字符串或者将 JSON 字符串转换成对象，本例使用 Gson。

对于反序列化过程，采取不同的步骤：用一个字节数组来创建一个字符串，然后使用 Gson
将 JSON 字符串转换成一个 Java 对象。通用反序列化代码如代码清单 3-11 所示，参见 src/main/
java/bbejeck/util/serializer/JsonDeserializer.java。

```
public class JsonDeserializer<T> implements Deserializer<T> {

    private Gson gson = new Gson();                    ◁—┤ 创建一个 Gson
    private Class<T> deserializedClass;        ◁—┘      对象

    public JsonDeserializer(Class<T> deserializedClass) {
        this.deserializedClass = deserializedClass;     实例化反序列
    }                                                   化类的变量

    public JsonDeserializer() {
    }

    @Override
    @SuppressWarnings("unchecked")
    public void configure(Map<String, ?> map, boolean b) {
        if(deserializedClass == null) {
            deserializedClass = (Class<T>) map.get("serializedClass");
        }
```

```
        }

        @Override
        public T deserialize(String s, byte[] bytes) {
            if(bytes == null){
                return null;
            }

            return gson.fromJson(new String(bytes),deserializedClass);
        }

        @Override
        public void close() {

        }
    }
```

将字节反序列化
为预期类的实例

现在，让我们再回顾一下代码清单 3-9 中的以下几行代码：

```
JsonDeserializer<Purchase> purchaseJsonDeserializer =
    new JsonDeserializer<>(Purchase.class);
JsonSerializer<Purchase> purchaseJsonSerializer =
    new JsonSerializer<>();
Serde<Purchase> purchaseSerde =
    Serdes.serdeFrom(purchaseJsonSerializer,purchaseJsonDeserializer);
```

为 Purchase 类创
建反序列化器

为 Purchase 类创
建序列化器

为 Purchase 对象
创建 Serde

正如所看到的，`Serde` 对象是很有用的，因为它是给定对象的序列化器和反序列化器的容器。

到目前为止，我们已经介绍了很多关于开发一个 Kafka Streams 应用程序的背景知识，仍然还有很多内容要讲，但我们暂停一下，来谈谈开发过程本身，以及如何在开发 Kafka Streams 应用程序时让自己更轻松。

3.4 交互式开发

我们已经构建了以流的方式处理来自 ZMart 的购买记录的图，并创建了 3 个分别将结果输出到各自对应的主题的处理器。在开发过程中，当然可以运行控制台消费者以查看结果，但是最好有一个更方便的解决方案，比如能够在控制台监视数据在拓扑中的流动情况，如图 3-10 所示。

`KStream` 接口提供了一个在开发时很有用的方法——`KStream.print` 方法，该方法的入参是一个 `Printed<K,V>`类的实例对象。`Printed` 提供了两个静态方法：打印到标准输出的 `Printed.toSysOut()`方法；将结果写入文件的 `Printed.toFile(filePath)` 方法。

此外，还可以通过链式调用 `withLabel()` 方法对打印结果进行标识，允许为每条记录打印一个初始的消息头，这对于处理来自不同处理器的消息很有用。重要的是，无论是将流打印到控制台还是文件，都需要对象重写 toString() 方法，在该方法中创建有意义的输出结果。

图 3-10   在开发时一个很好的工具，它具有将各节点输出数据打印到控制台的能力。
为了启用打印到控制台，只需调用 print 方法来替代其他任何的 to 方法

最后，如果不想使用 toString 方法，或者想自定义 Kafka Streams 如何打印记录，那么就使用
Printed.withKeyValueMapper 方法，该方法的入参是一个 KeyValueMapper 实例，因此可以
用任何想要的方式格式化记录。之前提到过同样的告诫——不应该修改原始记录，在这里同样适用。

在本书中，对所有示例我们只关注打印到控制台。以下代码片段是代码清单 3-11 中使用
KStream.print 的一些示例。

设置将 RewardAccumulator 转换打印   设置将 PurchasePattern 转换
到控制台   打印到控制台

```
patternKStream.print(Printed.<String, PurchasePattern>toSysOut()
    .withLabel("patterns"));

rewardsKStream.print(Printed.<String, RewardAccumulator>toSysOut()
    .withLabel("rewards"));

purchaseKStream.print(Printed.<String, Purchase>toSysOut()
    .withLabel("purchases"));
```

将购买数据打
印到控制台

让我们快速看一下屏幕上的输出（如图 3-11 所示），以及它是如何在开发过程中提供帮助的。
通过启用打印功能，当对应用程序进行修改、关闭和启动时可以直接通过 IDE 来运行 Kafka
Streams 应用程序，并确认输出结果是所预期的。这不能替代单元测试和集成测试，但是在开发
过程中直接查看流结果是一个很好的工具。

使用 print() 方法的一个缺点是它创建了一个终端节点，这意味着不能将它嵌入处理器链
中，而是需要一个单独语句。然而，还有一个 KStream.peek 方法，它以 ForeachAction 实
例为参数，并返回一个新的 KStream 实例。ForeachAction 接口有一个 apply() 方法，该
方法返回类型为 void，因此 KStream.peek 方法不会向下游传递任何东西，这使得该方法成
为诸如打印等操作的理想选择。使用 KStream.peek 方法就能够将它嵌入处理器链中而不必编
写一条单独的打印语句。在本书其他示例中将会看以这种方式使用 KStream.peek 方法。

记录的值，注意是JSON格式的字符串，并且Purchase、PurchasePattern和RewardAcumulator对象定义了toString方法以便于在控制台展现

打印语句的名称与主题名称相同很有用

注意是屏蔽的信用卡号!

记录的键，对于本例该字段为空

图 3-11 这是屏幕上数据的详细视图。启用打印到控制台功能后，将很快能够看到处理器是否正常工作

3.5 下一步

至此，你已经将使用 Kafka Streams 实现的购买分析（purchase-analysis）程序正常运行了。用于消费消息并将结果写入 patterns、rewards 和 purchases 主题的其他的程序也开发了，对 ZMart 效果也不错。但是，好处从来都是有代价的，现在在 ZMart 的管理层看到你的流式处理程序能提供什么，又向你提了一堆新的需求。

3.5.1 新需求

现在对前面生成的 3 类结果都提出了新的需求，好在仍将使用相同的源数据。新需求要求将所提供的数据进行细化，在某些情况还得将数据进一步分解。当前的主题可能适用于新需求，也有可能需要创建全新的主题。

- 在一定金额以下的购买信息需要被过滤掉，高管们不太关注日常用品的小额交易。
- ZMart 已经扩张并收购了一家电子产品连锁店和一家受欢迎的咖啡馆连锁店。这些新店的所有购买信息都将流过你已经开发的流式应用程序，需要将这些子公司的购买信息发送到它们对应的主题中。
- 所选择的 NoSQL 解决方案以键/值对格式存储条目。尽管 Kafka 也使用键/值对，但是当前进入 Kafka 集群的记录并没有定义键。因此在每条记录通过拓扑传递到 purchases 主题之前，需要为它们生成一个键。

更多新需求将不可避免地出现在你面前，但是现在可以开始处理当前的新需求了。在查看 KStream API 时，你会很欣慰地看到一些已经定义的方法将能够很容易实现这些新需求。

注意 从现在开始，所有示例代码都精简到必不可少的部分，以最大限度地提高清晰度。除非有新的内容需要介绍，否则可以假定配置和设置代码保持不变。这些被删减的例子并不是孤立的——本示例完整代码见 src/main/java/bbejeck/chapter_3/ZMartKafkaStreamsAdvancedReqsApp.java。

1．过滤购买信息

让我们从过滤掉没有达到最小阈值的购买信息开始。为了移除低价购买信息，需要在 KStream 实例和接收器节点之间插入一个过滤处理器节点。需要更新处理器拓扑图如图 3-12 所示。

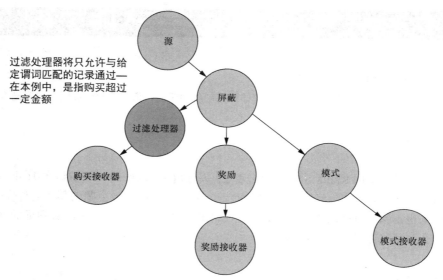

图 3-12　在屏蔽处理器和向 Kafka 写入的终端节点之间放置了一个处理器，
这个过滤处理器会将给定额度以下的购买信息过滤掉

可以使用 KStream 方法，该方法以一个 Predicate<K,V>实例为参数。虽然在这里采用链式方法调用，但是在拓扑中创建了一个新处理节点，如代码清单 3-12 所示。

代码清单 3-12　过滤 KStream

```
KStream<Long, Purchase> filteredKStream =
    purchaseKStream((key, purchase) ->
    purchase.getPrice() > 5.00).selectKey(purchaseDateAsKey);
```

此代码过滤掉额度小于 5 美元的购买信息，并选择购买日期转换为长整型作为消息的键。
Predicate 接口只定义了一个 test()方法，该方法需要两个参数，即消息的键和值，尽管在这里只需要使用值。同样可以使用 Java 8 的 lambda 表达式代替 KStream API 中定义的具体类型。

定义　如果你熟悉函数式编程，那么你在使用 Predicate 接口时会有种宾至如归的感觉。如果术语 "谓词" 对你来讲是新内容的话，也不要想复杂了，它仅是一个给定的表达式语句（如 x < 100）而已。一个对象要么匹配谓词语句，要么不匹配。

此外，为了想使用购买时间戳作为键，可以使用 selectKey 处理器，它使用 3.4 节中提到的 KeyValueMapper 将购买时间提取为长整型值。在下面"生成一个键"部分将会介绍有关选择键的细节。

镜像函数 KStreamNot，执行相同的过滤功能，不过执行方式相反，只有与给定谓词不匹配的记录才会在拓扑中被进一步处理。

2. 分裂/分支流

现在，需要将购买流分裂成可以写入不同主题的独立流。幸运的是，KStream.branch 方法可以完美地实现该需求。KStream.branch 方法接受任意数量的 Predicate 实例，返回一个 KStream 实例数组。返回的数组大小与方法调用时提供的谓词数量匹配。

在前面的更改中，修改了处理拓扑中一个存在的叶子节点。对于这个分支流的需求，将会在处理节点图中创建一个全新的叶子节点，如图 3-13 所示。

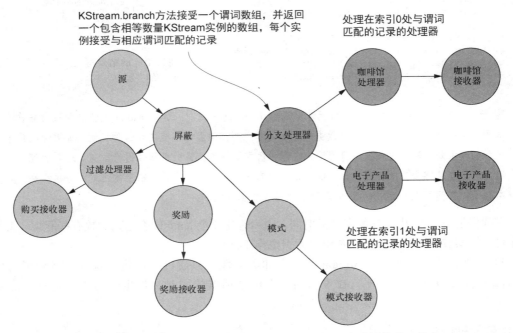

图 3-13　分支处理器将流一分为二：一支流包括来自咖啡馆的购买信息，
另一支流包括来自电子产品商店的购买信息

当原始流的记录流经分支处理器时，每条记录都是按照所提供的谓词顺序进行匹配。分支处理器会将记录分配给第一个匹配的流，不会尝试匹配其他谓词。

如果记录不匹配任何给定的谓词，那么分支处理器会放弃该记录。返回数组中流的顺序与提供给 branch() 方法的谓词顺序一致。每个部门对应一个独立的主题也许不是唯一的方法，但暂时我们就这样认为。它满足当前需求，并且以后也可以被重新访问。具体实现如代码清单 3-13 所示。

代码清单 3-13　分裂流

```
Predicate<String, Purchase> isCoffee =
   (key, purchase) ->
   purchase.getDepartment().equalsIgnoreCase("coffee");

Predicate<String, Purchase> isElectronics =
   (key, purchase) ->
   purchase.getDepartment().equalsIgnoreCase("electronics");

int coffee = 0;
int electronics = 1;

KStream<String, Purchase>[] kstreamByDept =
   purchaseKStream.branch(isCoffee, isElectronics);

kstreamByDept[coffee].to( "coffee",
   Produced.with(stringSerde, purchaseSerde));
kstreamByDept[electronics].to("electronics",
   Produced.with(stringSerde, purchaseSerde));
```

用 Java 8 的 lambda 表达式创建谓词

标记返回数组的预期索引

调用 branch 方法将原始流分为两个流

将每个流的结果写入相应的主题中

警告　代码清单 3-13 中的示例将记录发送到几个不同主题中。尽管 Kafka 能够被配置为当首次试图从不存在的主题生产或消费数据时自动创建主题，但最好不要依赖这种机制。如果你依赖于自动创建主题，那么这些主题将使用来自服务器配置属性文件的默认值进行配置，这里的配置属性文件可能是你需要的设置，也可能不是。你应该总是提前考虑好所需要的主题、分区级别、副本因子，在运行 Kafka Streams 应用程序之前就先创建它们。

在代码清单 3-13 中，提前定义了谓词，因为传递 4 个 lambda 表达式参数有些麻烦。为了使程序可读性实现最大化，对返回数组的索引也作了标记。

这个例子展示了 Kafka Stream 的强大和灵活性。只通过几行代码就可以将购买交易的原始流分裂成四支流。此外，在重用同一个源处理器的同时，你也开始构建更复杂的处理拓扑。

分裂流与分区流

尽管分裂和分区看起来有类似的想法，但它们在 Kafka 和 Kafka Streams 中没有关联。通过 KStream.branch 方法分裂一个流会导致创建一个或多个流，这些流最终可以将记录发送到另一个主题当中。分区是 Kafka 将一个主题的消息分配到不同服务器的方式。除了配置调优之外，分区也是 Kafka 实现高吞吐量的主要方法。

到目前为止，你已轻松地满足了 3 个新需求中的 2 个。现在是时候来实现最后一个附加需求，即为购买记录生成一个键用于存储。

3. 生成一个键

Kafka 的消息是键/值对，因此所有流过 Kafka Streams 应用程序的记录也是键/值对。但是没有要求键不能为空。在实践中，如果不需要特定的键，那么使用空键将减少网络传输的总体数据流量。所有流入 ZMart 的 Kafka Streams 应用程序的记录都具有空键。

这一直没问题，直到意识到 NoSQL 存储解决方案存储的数据是以键/值对格式存储的。在将购买数据写入 purchases 主题之前需要一种方法为其生成一个键。当然可以用 KStream.map 方法生成一个键，并返回一个新的键/值对（只有键是新生成的）。但是有一个更简明的 KStream.selectKey 方法，该方法返回一个新的 KStream 实例，该实例使用新键（可能是不同类型）和相同值生成记录，如代码清单 3-14 所示。

代码清单 3-14 生成一个新键

```
KeyValueMapper<String, Purchase, Long> purchaseDateAsKey =
  (key, purchase) -> purchase.getPurchaseDate().getTime();

KStream<Long, Purchase> filteredKStream =
  purchaseKStream.filter((key, purchase) ->
  purchase.getPrice() > 5.00).selectKey(purchaseDateAsKey);

filteredKStream.print(Printed.<Long, Purchase>
  toSysOut().withLabel("purchases"));
filteredKStream.to("purchases",
  Produced.with(Serdes.Long(),purchaseSerde));
```

KeyValueMapper 提取购买日期，并将其转换为长整型值

通过一条语句过滤出购买信息并选择一个键

将结果打印到控制台

将记录具体实现到 Kafka 主题中

这种对处理器拓扑的更改类似于过滤操作，因为在过滤器和接收器处理器之间增加了一个处理节点，如图 3-14 所示。

在代码清单 3-14 中为了创建新键，提取购买日期并将其转化为长整型值。尽管可以传递一个 lambda 表达式，但这里它被赋值给一个变量以便于程序可读。还要注意，需要修改 KStream.to 方法中的 serde 类型，因为已改变键的类型。

这是一个映射到一个新键的简单示例。稍后，在另一个示例中，我们将会看到选择启用键来连接独立流。此外，在这之前的所有示例都是无状态的。但是，对于有状态转换也有几个选项，稍后将会看到。

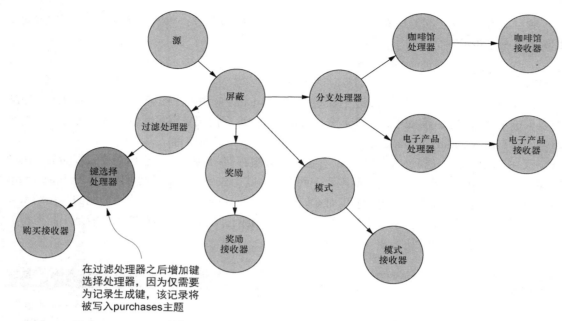

图 3-14　NoSQL 数据存储将使用购买日期作为数据的键进行存储，`selectKey`
处理器恰好在将数据写入 Kafka 之前将提取购买日期作为键

3.5.2　将记录写入 Kafka 之外

ZMart 的安全部门联系你说，在它的一家店有欺诈嫌疑。有报告显示有一家店的经理正在输入无效的销售折扣码，安全人员不知道发生了什么，现在向你求助。

安全人员不希望将这些信息写入 Kafka 主题中，你和他们讨论了关于 Kafka 的安全、访问控制以及如何锁定对某个主题的访问。但是安全人员还是坚持他们的意见，需要将记录写入他们可完全控制的关系数据库。你感觉这是一场你赢不了的战斗，因此你就妥协了，决定按照要求完成这项任务。

循环操作

你需要做的第一件事是创建一个新的 `KStream`，过滤出与单个员工 ID 相关的结果。尽管有大量的数据流经拓扑，但这个过滤器可以把数据量缩减到很小。

这里将使用带有谓词的 `KStream`，该谓词看起来与特定的员工 ID 相匹配。这个过滤器完全独立于先前的过滤器，它隶属于源 `KStream` 实例。尽管完全有可能使用链过滤器，但在这里不会这样做，你希望该过滤器可以完全访问流中的数据。

接下来，将使用 `KStream.foreach` 方法，如图 3-15 所示。`KStream.foreach` 方法接受一个 `ForeachAction<K, V>` 实例，这是另一个终端节点的例子。它是一个简单的处理器，使用

提供的 `ForeachAction` 实例对所接收的每条记录执行操作。具体实现如代码清单 3-15 所示。

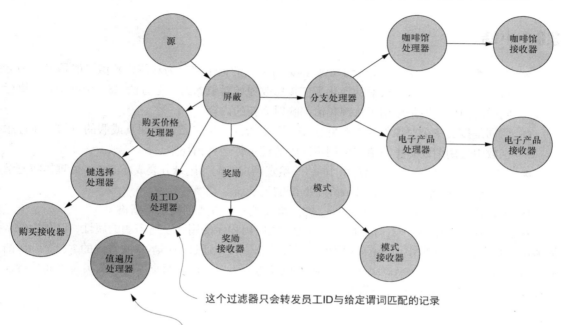

这个过滤器只会转发员工ID与给定谓词匹配的记录

记录被转发到值遍历处理器后，每条记录的值都被写入外部数据库中

图 3-15 为了将包含一个特定员工的购买信息写入 Kafka Streams 应用程序之外，首先要增加一个过滤处理器，用来根据员工 ID 提取购买信息，然后使用 foreach 操作符将每条记录写入一个外部关系数据库

代码清单 3-15 Foreach 操作

```
ForeachAction<String, Purchase> purchaseForeachAction = (key, purchase) ->
    SecurityDBService.saveRecord(purchase.getPurchaseDate(),
    purchase.getEmployeeId(), purchase.getItemPurchased());
purchaseKStream.filter((key, purchase) ->
    purchase.getEmployeeId()
    .equals("source code has 000000"))
    .foreach(purchaseForeachAction);
```

`ForeachAction` 同样使用 Java 8 的 lambda 表达式，它存储在一个名为 `purchaseForeachAction` 的变量中。这需要另外一行代码，但是这样做与将它们写在一起相比提高了代码清晰度。在下一行代码，另一个 `KStream` 实例将过滤的结果发送给上面定义的 `ForeachAction` 对象。

注意，`KStream.foreach` 是无状态的，如果每条记录需要状态来执行一些操作，那么可以使用 `KStream.process` 方法。`KStream.process` 方法将在下一章将状态添加到 Kafka Streams 应用程序时进行讲解。

如果后退一步，看看你迄今为止所完成的工作，从编写的代码量角度来看，是相当了不起的。但是不要感到太轻松了，因为 ZMart 的高层管理人员注意到你的生产能力了，更多的变化和对

"purchase-streaming"分析程序的优化即将到来。

3.6   小结

- 可以使用 `KStream.mapValues` 函数将传入的记录映射为新值，新值可能是另一种类型。也了解到了这些映射的变化不应该修改原始对象。另一个方法 `KStream.map` 执行同样的操作，但是可用于将键和值都映射为新的内容。
- 谓词是接受一个对象作为参数并根据对象是否匹配给定条件返回真或假的语句。在过滤函数中使用谓词防止与给定谓词不匹配的记录传送到拓扑中。
- `KStream.branch` 方法使用谓词将与给定谓词匹配的记录分裂成新的流。处理器将记录分配给第一个匹配的流，并放弃不匹配的记录。
- 可以使用 `KStream.selectKey` 方法修改现有的键或创建一个新键。

在下一章中，我们将开始讨论状态，探讨流式应用程序使用状态所需要的属性，以及为什么需要添加状态。然后向 KStream 应用程序添加状态，首先通过使用本章所看到的 KStream 的有状态方法（`KStream.mapValues`）。在更高级的示例中，将在两个不同的购买流之间执行连接操作，以帮助 ZMart 提升客户服务。

第 4 章 流和状态

本章主要内容
- 将状态操作应用到 Kafka Streams 应用程序中。
- 使用状态存储用于查询和记住先前看到的数据。
- 连接流以获得更多洞察力。
- 时间和时间戳如何驱动 Kafka Streams。

在第 3 章中,我们深入研究了 Kafka Streams DSL,并构建了一个处理拓扑,以处理来自 ZMart 门店购买交易的流式需求。虽然已经构建了一个很不错的处理拓扑,但是它是一维的,所有的转换和操作都是无状态的。在交易之前或者之后,都没有考虑到同一时间点或同一时间范围内发生的其他事件,而是孤立地考虑每笔交易。此外,只处理了单个流,忽略了通过将流连接到一起来获得额外洞察力的任何可能性。

在本章中,你将从 Kafka Streams 应用程序中提取最多数量的信息。要获得这个级别的信息,你就需要使用状态。状态只不过是回想以前你所看到的信息并将其与当前的信息连接起来的能力。可以以不同的方式利用状态。当我们探讨状态操作时,让我们来看一个示例,例如,由 Kafka Streams DSL 提供的积累值。

另一个要讨论的示例是流的连接。连接流与数据库操作中执行的连接操作(例如通过连接雇员表和部门表来生成一个公司哪个部门有哪些员工的报告)密切相关。

在讨论 Kafka Streams 中的状态存储时,我们还将定义状态需要看起来是什么样子,以及使用状态时需要什么。最后,我们将权衡时间戳的重要性,看看它们如何帮助处理有状态的操作,例如,确保只处理在给定时间范围内发生的事件或者帮助处理无序到达的数据。

4.1 事件的思考

当论及事件处理,事件有时并不需要更多的信息或者上下文。有时,一个事件本身可以从字面意义上理解,但是如果没有一些额外的上下文,你可能会错过正在发生的事件的重要性;如果给定一些额外的信息，你可能会以全新的视角来看待这个事件。

一个不需要额外信息的事件示例是尝试使用盗来的信用卡。一旦检测到使用的是被盗的信用卡，则立即取消交易，不需要任何额外信息来做这个决策。

但是有时候一个单独的事件并不能提供足够的信息来作决定。考虑一下 3 名个人投资者在短期内购买的一系列股票，从表面上看，购买 XYZ 制药股票并不会让你感觉有什么异样，如图 4-1 所示，投资者购买同一只股票是华尔街每天都会发生的事情。

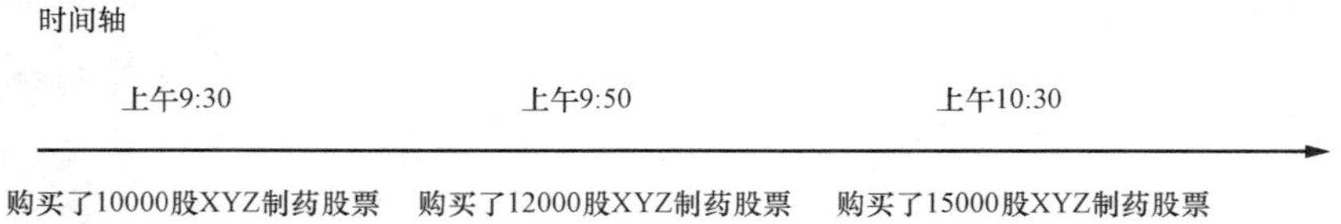

时间轴

上午9:30	上午9:50	上午10:30
购买了10000股XYZ制药股票	购买了12000股XYZ制药股票	购买了15000股XYZ制药股票

图 4-1   没有任何额外信息的股票交易看起来很平常

现在让我们增加一些上下文。在个人购买股票之后的短期内，XYZ 制药宣布被批准了一种新药，这使得该股票的价格创历史新高。此外，这 3 名投资者与 XYZ 制药有密切联系。现在，图 4-2 所示的交易可以用全新的视角来看待。

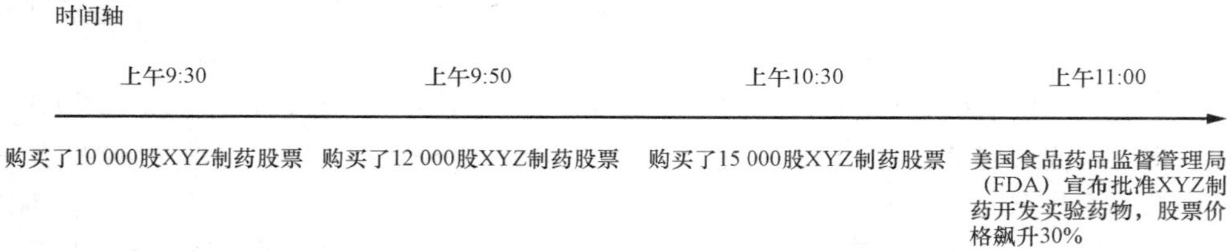

时间轴

上午9:30	上午9:50	上午10:30	上午11:00
购买了10 000股XYZ制药股票	购买了12 000股XYZ制药股票	购买了15 000股XYZ制药股票	美国食品药品监督管理局（FDA）宣布批准XYZ制药开发实验药物，股票价格飙升30%

图 4-2   当添加一些额外的关于股票交易时机的上下文时，你会以全新的视角来看待它们

这些购买时机和信息发布带出了一些问题：是这些投资者提前泄露了信息？还是这些交易代表的是一位有内幕消息的投资者试图掩盖自己的踪迹呢？

流需要状态

上面虚构的场景说明了我们大多数人凭直觉已经知道的事情。有时候，能够很容易推断出发生了什么，但通常情况下，需要一些上下文来做出更好的决策，当论及流式处理时，我们称这些上下文为额外的上下文状态。

乍一看，状态和流式处理的概念好像有些格格不入。流式处理意味着：彼此之间没有很大关联的、源源不断的离散事件流，在它们发生时就要被加以处理。而状态的概念是可能会产生静态资源的映像，例如数据库表。

实际上，你可以将它们视为同一个整体。但是流的变化速度可能比数据库表更快、更频繁[①]。

_____

① Jay Kreps，"Why Local State Is a Fundamental Primitive in Stream Processing?"（为什么局部状态是流式处理的基本原始形态？）

在流数据处理时并不总是需要状态，在某些情况下，离散事件或记录可能已独自携带了足够有价值的信息。但通常情况下，流入的数据需要从某类存储的数据（要么是使用之前到达的事件中的信息，要么是连接来自不同流的相关事件）来加以丰富。

4.2　将状态操作应用到 Kafka Stream

本节将介绍如何向现有的无状态操作中添加有状态操作，以丰富应用收集的信息。这里将对第 3 章中的原始拓扑进行修改，为唤起大家记忆，我们在这里再次展示该拓扑图，如图 4-3 所示。

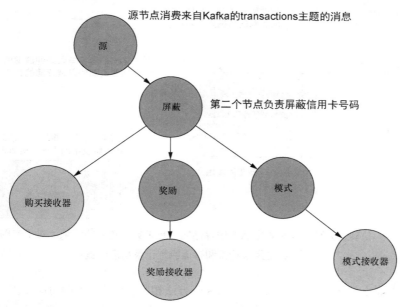

图 4-3　这是第 3 章拓扑图的另一种审视

在这个拓扑中，生成了一个购买-交易（purchase-transaction）事件流。拓扑中的一个处理节点根据销售额来计算客户的奖励积分。但是在那个处理器中，仅仅计算单笔交易的总积分，并转发计算结果。

如果将一些状态添加到处理器中，就可以追踪累积的奖励积分。然后，ZMart 的消费应用程序需要检查奖励总积分，并在需要时送一份奖励。

既然你已经基本了解了状态如何在 Kafka Streams（或者其他流式应用程序）中发挥作用，现在让我们来看一些具体的示例。首先，使用值转换（transformValues）处理器将无状态的奖励处理器转换为有状态的处理器，这样就可以追踪到目前为止所获得的总奖励积分以及两次购买之间的时间间隔，为下游消费者提供更多信息。

4.2.1　值转换处理器

最基本的有状态函数是 KStream.transformValues，图 4-4 展示了 KStream.transform
Values()方法是如何操作的。

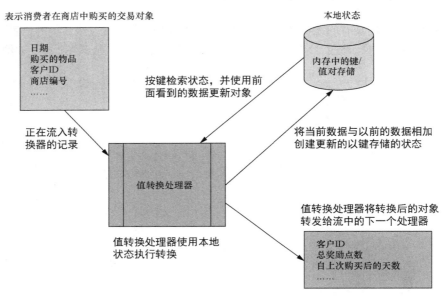

图 4-4　值转换处理器使用本地状态中存储的信息来更新传入的记录。对于本例，
客户 ID 是用来检索和存储给定记录状态的键

该方法在语义上与 KStream.mapValues()方法相同，但有一些区别。其中一个区别在于
transformValues 方法需要访问一个 StateStore 实例来完成它的任务。另一个区别在于该
方法通过 punctuate()方法安排操作定期执行的能力。我们将在第 6 章讨论处理器 API 时再对
punctuate()方法进行详细介绍。

4.2.2　有状态的客户奖励

来自第 3 章的 ZMart 拓扑结构中的提取客户信息的奖励处理器（如图 4-3 所示）属于 ZMart
的奖励程序（rewards）。最初，奖励处理器使用 KStream.mapValues()方法将传入的 Purchase
对象映射成 RewardAccumulator 对象。

RewardAccumulator 对象最初仅包括两个字段，即客户 ID 和交易的购买总额。现在，
需求发生了一些变化，积分与 ZMart 的奖励程序联系在一起。RewardAccumulator 类属性
字段定义如下：

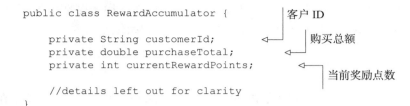

```
public class RewardAccumulator {          客户 ID

    private String customerId;            购买总额
    private double purchaseTotal;
    private int currentRewardPoints;      当前奖励点数

    //details left out for clarity

}
```

而在此之前，是一个应用程序从 rewards 主题中读取数据并计算客户的奖励。现在管理层想让积分系统通过流式应用程序来维护和计算客户的奖励。此外，还得获取客户当前和上一次购买之间的时间间隔。

当应用程序从 rewards 主题读取记录时，消费者应用程序只需要检查积分总数是否超过分配奖励阈值。为了实现这个新目标，可以在 RewardAccumulator 对象中增加 totalRewardPoints 和 daysFromLastPurchase 字段，并使用本地状态来记录累计积分和最后一次购买日期。代码清单 4-1 给出的是支持这些变化所需的重构的 RewardAccumulator 代码（完整代码见 src/main/java/bbejeck/model/ RewardAccumulator.java）。

代码清单 4-1 重构的 `RewardAcccumulator` 对象

```
public class RewardAccumulator {

    private String customerId;
    private double purchaseTotal;
    private int currentRewardPoints;        增加的用于追踪
    private int daysFromLastPurchase;       积分总数的字段
    private long totalRewardPoints;

    //details left out for clarity

}
```

购买程序的更新规则很简单，客户每消费一美元获得一个积分，交易总额按四舍五入法计算。拓扑的总体结构不会改变，但是奖励处理（rewards-processing）节点将从使用 KStream.mapValues() 方法更改为使用 KStream.transformValues() 方法。从语义上讲，这两种方法操作方式相同，即仍然是将 Purchase 对象映射为 RewardAccumulator 对象。不同之处在于使用本地状态来执行转换的能力。

具体来说，将采取以下两个主要步骤。

■ 初始化值转换器。

■ 使用状态将 Purchase 对象映射为 RewardAccumulator 对象。

KStream.transformValues() 方法接受一个 ValueTransformerSupplier<V, R> 对象的参数，该参数提供了一个 ValueTransformer<V, R> 接口的实例。假定我们编写了一个实现 ValueTransformer 接口的类 PurchaseRewardTransformer<Purchase, RewardAccumulator>。为清晰起见，我不会在文中复制整个类的代码，而是对示例程序的重

要方法进行介绍。还需要注意的是，这些代码片段并不是单独存在的，为了简明扼要省略了一些实现细节。完整的代码可以在本章的源代码中找到。让我们继续，并初始化处理器。

4.2.3　初始化值转换器

第一步是在转换器的 `init()` 方法中设置或创建任何实例变量。在 `init()` 方法中，检索在构建处理拓扑时创建的状态存储（4.3.3 节中将介绍如何添加状态存储）。具体代码如代码清单 4-2 所示。

代码清单 4-2　`init()` 方法

```
private KeyValueStore<String, Integer> stateStore;          ← 实例化变量

private final String storeName;
private ProcessorContext context;
                                                   设置对 ProcessorContext
public void init(ProcessorContext context) {       的本地引用
    this.context = context;
    stateStore = (KeyValueStore)
➡   this.context.getStateStore(storeName);         通过 storeName 变量检索 stateStore
}                                                   实例，storeName 在构造器中设置
```

在转换器类中，将对象类型转换为 `KeyValueStore` 类型。此时并不需要关心转换器内部实现原理，只需按键检索值即可（下一节将详细介绍状态存储的实现类型）。

这里没有列出属于 `ValueTransformer` 接口的其他方法（如 `punctuate()` 和 `close()`），在第 6 章介绍处理器 API 时再对 `punctuate()` 和 `close()` 进行介绍。

4.2.4　使用状态将 Purchase 对象映射为 RewardAccumulator

现在，已经初始化了处理器，接下来可以使用状态转换 `Purchase` 对象了，如代码清单 4-3 所示。执行转换的几个简单步骤如下。

（1）按客户 ID 检查目前累积的积分。

（2）与当前交易的积分求和，并呈现积分总数。

（3）将 `RewardAccumulator` 中的奖励积分总数设置为新的积分总数。

（4）按客户 ID 将新的积分总数保存到本地状态存储中。

代码清单 4-3　使用状态转换 `Purchase`

```
public RewardAccumulator transform(Purchase value) {
    RewardAccumulator rewardAccumulator =              由 Purchase 对象构造
➡   RewardAccumulator.builder(value).build();          RewardAccumulator 对象
    Integer accumulatedSoFar =
➡   stateStore.get(rewardAccumulator.getCustomerId()); 根据客户 ID 检索最新积分值

    if (accumulatedSoFar != null) {
```

```
        rewardAccumulator.addRewardPoints(accumulatedSoFar);
    }
```
如果累积的积分数存在，则将其加到当前总数中

```
    stateStore.put(rewardAccumulator.getCustomerId(),
                   rewardAccumulator.getTotalRewardPoints());
```
将新的总积分数存储到 stateStore 中

```
    return rewardAccumulator;
}
```
返回新的奖励积分累积值

在 `transform()` 方法中，首先将一个 `Purchase` 对象映射为 `RewardAccumulator`——这与 `mapValues()` 方法中使用的操作相同。在接下来的几行代码中，状态参与到转换过程当中，按键（客户 ID）进行查找，并将到目前为止任何累积的积分与当前购买对应的积分相加，将新的积分总数一直存放到状态存储中，直到再次需要它。

剩下的就是更新奖励处理器。但在操作之前，你需要考虑一下你正在通过客户 ID 访问所有的销售信息的事实。为给定的客户收集每笔交易信息意味着该客户的所有交易信息都位于同一个分区。但是，因为进入应用程序的交易信息没有键，所以生产者以轮询的方式将交易信息分配给分区。我们在第 2 章介绍了分区轮询的分配方式，但是值得再次回顾一下，如图 4-5 所示。

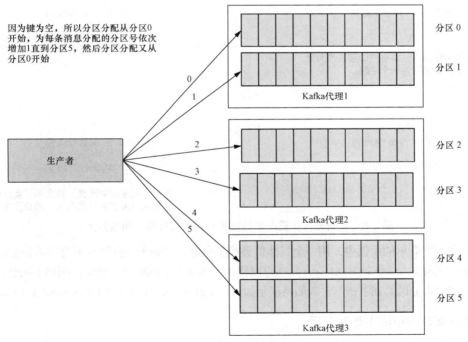

图 4-5 当键为空时 Kafka 生产者均匀地（轮询）分配记录

这里有一个问题（除非你使用的主题只有一个分区），因为键没有填充，所以按轮询方式分配的话就意味着一个给定客户的交易信息不一定会分配给同一个分区。

将相同客户 ID 的交易信息放在同一个分区很重要,因为需要根据客户 ID 从状态存储中查找记录。否则, 会有相同客户 ID 的客户信息分布在不同的分区上, 这样查找相同客户的信息时就需要从多个状态存储中查询。(这句话可理解为每个分区都有自己的状态存储, 但事实并非如此。分区被分配给一个 `StreamTask`, 每个 `StreamTask` 都有自己的状态存储。)

解决这个问题的方法是根据客户 ID 对数据重新分区, 接下来我们将会介绍如何操作。

1. 对数据重新分区

首先, 让我们对重新分区如何工作进行一般性讨论 (如图 4-6 所示)。要对记录重新分区,首先可能要修改或者更改原始记录的键, 然后将记录写入一个新主题中。接下来, 你再重新消费这些记录。但是由于重新分区, 这些记录可能来自不同于原来的分区。

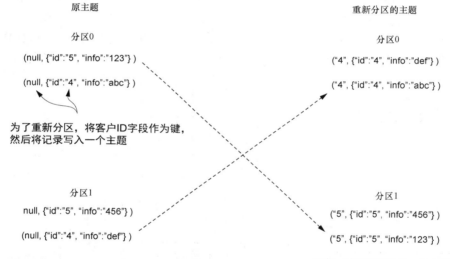

图 4-6   重新分区:更改原始键并将记录转移到不同的分区中

虽然在这个简单的示例中, 用一个具体值替换了空键, 但是重新分区并不总是需要更改键。通过使用流分区器 `StreamPartitioner`, 可以使用任何你能想到的分区策略, 例如不用键, 而用值或值的一部分来分区。在下一节, 我们将演示如何在 Kafka Streams 中使用 `StreamPartitioner`。

2. 在 Kafka Streams 中重新分区

在 Kafka Streams 中使用 `KStream.through()` 方法实现重新分区是一件很容易的事情, 如图 4-7 所示。`KStream.through()` 方法创建了一个中间主题, 当前的 KStream 实例开始将记录写入这个主题中。调用 `through()` 方法返回一个新 KStream 实例, 该实例使用同一个中间主题作为其数据源。通过这种方式，数据就可以被无缝地重新分区。

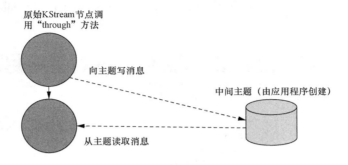

图 4-7 将记录写入一个中间主题，然后一个新的 KStream 实例再从这个主题中读取

　　在底层，**Kafka Streams** 创建了一个接收器节点和源节点。接收器节点是调用 KStream 实例的子处理器，新 KStream 实例使用新的源节点作为它的数据源。你可以使用 DSL 自己编写相同类型的子拓扑，但是使用 KStream.through() 方法更方便。

　　如果已经修改或更改了键，并且不需要自定义分区策略，那么可以依赖 Kafka Streams 的 KafkaProducer 内部的 DefaultPartitioner 来处理分区。但是如果想应用自己的分区方式，那么可以使用流分区器。在下一个例子中就可以这么做。

　　使用 KStream.through() 方法的代码如代码清单 4-4 所示。在本例，KStream.through() 方法接受两个参数，即主题名称和一个 Produced 实例。Produced 实例分别提供键和值的序列化与反序列化器（Serde）以及一个流分区器（Stream Partitioner）。注意，如果想使用默认键和值的 Serde 实例，且不需要自定义分区策略，那么可以使用只有一个主题名参数的 KStream.through 方法。

代码清单 4-4　使用 KStream.through 方法

```
RewardsStreamPartitioner streamPartitioner =           ← 实例化具体的流
    new RewardsStreamPartitioner();                       分区器实例
KStream<String, Purchase> transByCustomerStream =
    purchaseKStream.through("customer_transactions",
                        Produced.with(stringSerde,
                                      purchaseSerde,
                                      streamPartitioner));
```

通过 KStream. through 方法创建一个新 KStream 实例

　　现在，已经实例化了一个 RewardsStreamPartitioner 对象，让我们快速看一下它是如何工作的以及如何创建一个流分区器。

3. 使用流分区器

　　通常情况下，分区分配是通过取对象的散列值与分区总数取模。在本例，你希望使用

Purchase 对象中的客户 ID，以使得给定客户的所有数据都存放在同一个状态存储中。代码清单 4-5 展示了流分区器的实现（完整代码见 src/main/java/bbejeck/chapter_4/partitioner/RewardsStream Partitioner.java）。

代码清单 4-5 `RewardsStreamPartitioner`

```
public class RewardsStreamPartitioner implements
➡ StreamPartitioner<String, Purchase> {

    @Override
    public Integer partition(String key,
                             Purchase value,
                             int numPartitions) {
        return value.getCustomerId().hashCode() % numPartitions;   ◄─ 通过客户 ID
    }                                                                 确定分区
}
```

注意，上面的代码并没有生成一个新键，而是使用值的一个属性来确定正确的分区。要避开这个弯路的关键点是：当使用状态来更新或修改记录时，这些记录必须位于同一个分区中。

警告 不要误认为这个简单的重新分区示例可以随便使用，尽管重新分区在有些时候是必要的，但是同时带来了复制数据的成本并增加了处理开销。我的建议是只要有可能就使用 mapValues()、transformValues() 或者 flatMapValues() 操作，因为 map()、transform() 和 flatMap() 能够触发自动分区。最好谨慎使用重新分区逻辑。

现在，让我们回到更改奖励处理器节点以支持有状态的转换。

4.2.5 更新奖励处理器

至此，已经创建了一个新的处理节点，该处理节点将购买对象写入一个按客户 ID 进行分区的主题。这个新主题也将成为即将更新的奖励处理器的数据源。这样做是为了确保给定客户的所有购买信息都被写入同一个分区。因此，对给定客户的所有购买信息都使用相同的状态存储。图 4-8 展示了在作为所有购买的数据源的信用卡屏蔽节点和奖励处理器之间使用新的通过处理器[①]（through processor）更新的处理拓扑。

现在，将使用新的 Stream 实例（由 KStream.through() 方法创建的流）更新奖励处理器，并使用有状态的转换方法，如代码清单 4-6 所示。

代码清单 4-6 更改奖励处理器以使用有状态转换

```
KStream<String, RewardAccumulator> statefulRewardAccumulator =
➡ transByCustomerStream.transformValues(() ->
➡ new PurchaseRewardTransformer(rewardsStateStoreName),   ◄─ 使用有状态
➡ rewardsStateStoreName);                                    转换
```

---

① 调用 KStream.through 方法进行处理的处理器。——译者注

```
statefulRewardAccumulator.to("rewards",
                    Produced.with(stringSerde,
                        rewardAccumulatorSerde));
```
将结果写入主题

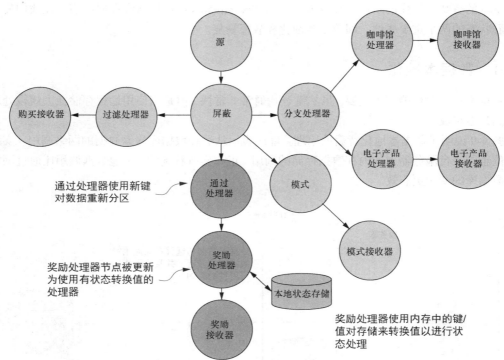

图4-8　新的"通过处理器"确保发送购买信息到客户ID对应的分区，
允许奖励处理器使用本地状态进行正确更新

KStream.transformValues 方法接受一个 ValueTransformerSupplier<V, R>类型的实例，通过 Java 8 lambda 表达式提供。

在本节中，已经向无状态节点添加了有状态处理。通过向处理器中添加状态，ZMart 可以对顾客有奖励资格的购买立即采取行动[①]。已经了解了如何使用状态存储以及使用状态存储带来的好处，但是我们忽略了一些重要细节，即需要理解状态是如何影响应用程序的。考虑到这一点，下一节将讨论使用哪种类型的状态存储，怎样才能使状态更有效，以及如何在 Kafka Streams 程序中增加状态存储。

4.3　使用状态存储查找和记录以前看到的数据

在本节，我们将介绍在 Kafka Streams 中使用状态存储的要点，以及通常与流式应用程序中

---

① 指如果客户本次购买的金额达到了可以获得奖励的阈值，会立即将相应的奖励累加到总的奖励中。——译者注

使用状态相关的关键因素。这将帮助你在 Kafka Streams 应用程序中使用状态时做出可行的选择。

到目前为止，我们已经讨论了在流中使用状态的必要性，你已经看到了一个在 Kafka Streams 中最基本的有状态操作的示例。在深入了解 Kafka Streams 中使用状态存储之前，让我们先简要地看看状态的两个重要属性，即数据本地化和故障恢复。

4.3.1　数据本地化

数据本地化对性能至关重要。虽然键查找通常非常快，但是当使用远程存储在大规模处理时带来的延迟将成为瓶颈。

图 4-9 说明了数据本地化背后的原理。虚线表示从远程数据库检索数据的网络调用。实线描述对位于同一台服务器上的内存数据存储的调用。正如你所看到的，本地数据调用比通过网络向远程数据库的调用更有效。

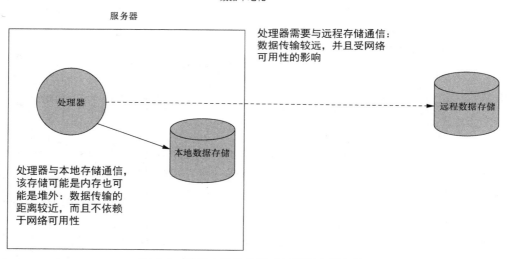

图 4-9　数据本地化是流式处理的必要条件

这里的关键点不是每条记录检索的延迟程度，这可能是最小的。重要的因素是，可能要通过一个流式应用程序处理数百万或数十亿条记录，当乘以一个较大的因子时，即使很小的网络延迟也会产生巨大影响。

数据本地化还意味着存储对每个处理节点都是本地的，并且在进程或线程之间不共享。这样的话，如果一个进程失败了，它就不会对其他流式处理进程或线程产生影响。

这里的关键点是：尽管流式应用程序有时需要状态，但是它应该位于进行处理的本地。应用程序的每个服务器或节点都应该有一个单独的数据存储。

4.3.2　故障恢复和容错

应用程序失败是不可避免的，特别是在分布式应用程序中。我们需要把注意力从防止失败转移到能够从失败中、甚至是重启后快速恢复。

图 4-10 描述了数据本地化和容错的原理。每个处理器都有它的本地存储和一个用于备份状态存储的变更日志主题。

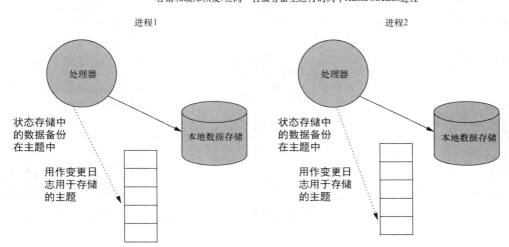

容错和故障恢复:在同一台服务器上运行的两个Kafka Streams进程

因为每个进程都有自己的本地状态存储和无共享架构，所以任何一个进程失败都不会使其他进程受影响。此外，每个存储的键/值都在主题中做了复制，以用于在进程失败或重新启动时恢复丢失的值

图 4-10　从失败中恢复的能力对于流式处理应用程序非常重要。Kafka Streams 将本地内存中的状态存储保存到一个内部主题中，因此当在失败或重启之后恢复操作时，将重新填充数据

用一个主题备份一个状态存储看起来似乎有些代价，但有几个缓和因素在起作用：`KafkaProducer` 批量发送数据，默认情况下记录会被缓存。仅在缓存刷新时 Kafka Streams 才将记录写入存储，因此只保存给定键的最新记录。我们将在第 5 章介绍更多关于带有状态存储的缓存机制。

Kafka Streams 提供的状态存储既能满足本地化又能满足容错性的需求，对于已定义的处理器来说它们是本地的，并且不会跨进程或线程访问共享。状态存储也使用主题来做备份和快速恢复。

现在已经介绍了流式应用程序使用状态的需求，下一步将研究如何在 Kafka Streams 应用程序中启用状态。

4.3.3　Kafka Streams 使用状态存储

添加一个状态存储是一件简单的事情，通过 `Stores` 类中的一个静态工厂方法创建一个

StoreSupplier 实例。有两个用于定制状态存储的附加类，即 Meterialized 类和 StoreBuilder 类。使用哪一个类取决于如何向拓扑中添加存储。如果使用高阶 DSL，那么通常使用 Meterialized 类；当使用低阶处理器 API 时，将使用 StoreBuilder 类。

即使当前示例使用高阶 DSL，也要向转换器中添加一个状态存储，它提供了处理器 API 语义。因此可以使用 StoreBuilder 进行状态存储定制，如代码清单 4-7 所示。

代码清单 4-7　添加一个状态存储

```
String rewardsStateStoreName = "rewardsPointsStore";      创建 StateStore
KeyValueBytesStoreSupplier storeSupplier =                供应者实例
    Stores.inMemoryKeyValueStore(rewardsStateStoreName);

StoreBuilder<KeyValueStore<String, Integer>> storeBuilder =
    Stores.keyValueStoreBuilder(storeSupplier,
                                Serdes.String(),          创建 StoreBuilder 并指
                                Serdes.Integer());        定键和值的类型

builder.addStateStore(storeBuilder);                      将状态存储添
                                                          加到拓扑
```

在代码清单 4-7 中，首先，创建一个 StoreSupplier 对象，它提供一个基于内存的键/值存储。然后，将创建的 StoreSupplier 对象作为参数来创建一个 StoreBuilder 对象，并指定键的类型为 String，值的类型为 Integer。最后，通过向 StreamsBuilder 提供 StoreBuilder 将 StateStore 添加到拓扑。

代码清单 4-7 已经创建了一个基于内存的键/值存储，其中键为 String 类型，值为 Integer 类型，同时通过 StreamBuilder.addStateStore 方法将存储添加到应用程序中。因此，现在可以通过上面所创建的状态存储的名字 rewardsStateStoreName 来使用处理器中的状态。

上面已经介绍了构建基于内存的状态存储的示例，也可以选择创建不同类型的 StateStore 实例。让我们看看这些选择项。

4.3.4　其他键/值存储供应者

除了 Stores.inMemoryKeyValueStore 方法，可以使用 Stores 类的下面几个静态工厂方法来创建存储供应者：

- Stores.persistentKeyValueStore；
- Stores.lruMap；
- Stores.persistentWindowStore；
- Stores.persistentSessionStore。

值得注意的是，所有持久化的 StateStore 实例都使用 RocksDB 提供本地存储。

在从状态存储继续介绍后面内容之前，我想谈一下 Kafka Streams 状态存储的其他两个重要方面：如何通过变更日志主题提供容错以及如何配置该变更日志主题。

4.3.5 状态存储容错

所有 StateStoreSupplier 类型默认都启用了日志。日志在这里指一个 Kafka 主题，该主题作为一个变更日志用来备份存储中的值并提供容错。

例如，假设有一台运行 Kafka Streams 应用程序的机器宕机了，一旦服务器恢复并重新启动了 Kafka Streams 应用程序，该机器上对应实例的状态存储就会恢复到它们原来的内容（在崩溃之前变更日志中最后提交的偏移量）。

当使用带有 disableLogging() 方法的 Stores 工厂时，可以通过 disableLogging() 方法禁用日志功能。但是不要随意禁用日志，因为这样做会从状态存储中移除容错而去除状态存储在崩溃后的恢复能力。

4.3.6 配置变更日志主题

用于状态存储的变更日志是可以通过 withLoggingEnabled(Map<String, String> config) 方法进行配置的，可以在 Map 中使用任何主题可用的配置参数。用于状态存储的变更日志的配置在构建一个 Kafka Streams 应用程序时很重要。但是请记住，并不需要我们来创建变更日志对应的主题——Kafka Streams 会创建该主题。

> **注意** 用于状态存储的变更日志是一个采用压缩策略的主题，在第 2 章已经讲过压缩。你可能还记得，删除的语义需要键对应的值为空，因此如果你想从状态存储中永久移除一条记录，那么就需要执行 put(key, null) 操作。

对 Kafka 主题而言，默认的一个日志段的数据保留时间被设置为一星期，数据量没有限制。根据你的数据量，这或许是可以接受的，但是你很有可能要调整这些设置。此外，默认清理策略是 delete。

让我们先看一下如何将变更日志主题配置为保留数据大小为 10 GB，保留时间为 2 天，配置如代码清单 4-8 所示。

代码清单 4-8　设置变更日志的属性

```
Map<String, String> changeLogConfigs = new HashMap<>();
changeLogConfigs.put("retention.ms","172800000" );
changeLogConfigs.put("retention.bytes", "10000000000");

// to use with a StoreBuilder
storeBuilder.withLoggingEnabled(changeLogConfigs);

// to use with Materialized
```

```
Materialized.as(Stores.inMemoryKeyValueStore("foo")
                .withLoggingEnabled(changeLogConfigs);
```

在第 2 章中，我们讨论了 Kafka 采用压缩策略的主题。回忆一下：压缩主题使用不同方式来清理主题。日志段不是按大小或时间删除，而是通过只保留每个键的最新记录来压缩日志段——具有相同键的较旧记录会被删除。默认情况下，Kafka Streams 采用 compact 删除策略来创建变更日志对应的主题。

但是，如果变更日志主题拥有很多唯一键，那么随着日志段不断增长，压缩可能还是不够。在这种情况下，解决方案其实很简单，指定清理策略为删除（delete）和压缩（compact），如代码清单 4-9 所示。

代码清单 4-9　设置清理策略

```
Map<String, String> changeLogConfigs = new HashMap<>();
changeLogConfigs.put("retention.ms","172800000" );
changeLogConfigs.put("retention.bytes", "10000000000");
changeLogConfigs.put("cleanup.policy", "compact,delete");
```

现在变更日志主题即使消息的键都是唯一的也能够保持在合理的大小。这里只是主题配置的简短部分，附录 A 提供了更多关于变更日志主题和内部主题配置的信息。

已经介绍了有状态操作和状态存储的基本知识，大家已经知道了 Kafka Streams 提供的基于内存和持久化的状态存储，以及如何将它们应用到流式应用程序中，也了解了在流式应用程序中使用状态存储时数据本地化和容错的重要性。现在让我们开始介绍流的连接操作。

4.4　连接流以增加洞察力

正如在本章前面介绍的，当流中的事件不独立存在时，流就需要有状态，有时需要的状态或上下文是另一个流。在本节中，将从两个具有相同键的流中获取不同的事件，并将它们组合成新的事件。

学习连接流的最好方式是看一个具体的例子，所以我们将回到 ZMart 的应用场景。回忆一下，ZMart 新开了经营电子及相关产品（CD、DVD、智能手机等）的商店。为了尝试一种新的方法，ZMart 与一家国营咖啡馆合作，在每家商店里内设一个咖啡馆。

在第 3 章中，要求将在这些商店的购买交易分成两个不同的流，图 4-11 展示了该需求的拓扑。

这种内设咖啡馆的方式对 ZMart 来说是巨大的成功，公司希望这种趋势继续下去，因此他们决定启动一个新的项目。ZMart 想通过提供咖啡优惠券来保持电子产品商店的高客流量（期望客流量的增加会带来额外的购买交易）。

ZMart 想识别出哪些客户购买了咖啡并在电子产品商店进行了交易，那么当这些客户再次交易之后就立即送给他们优惠券（如图 4-12 所示）。ZMart 的目的是想看看在客户中是否会产生巴普洛夫效应。

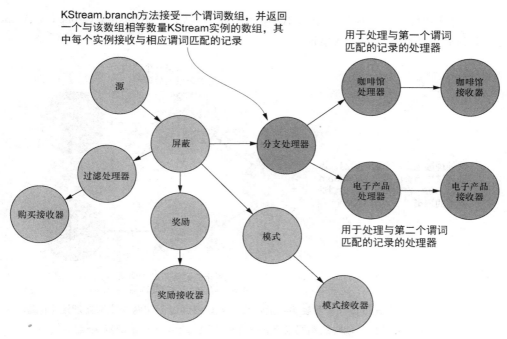

图 4-11 分支处理器，以及它在整个拓扑中的位置

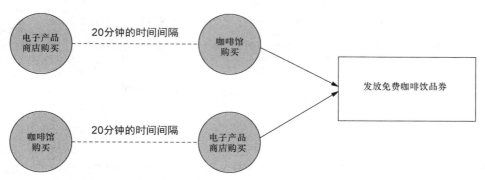

图 4-12 根据客户 ID 将购买咖啡和电子产品的购买记录做连接，如果购买记录二者的时间
戳在 20 分钟以内，则给用户赠送一份奖励——在本例，就是奖励一份免费的咖啡

为了确定什么时候给用户赠送一张优惠券，需要将咖啡馆的销售记录和电子产品商店的销售记录连接起来。连接流在代码编写方面是相对简单的，让我们从设置连接操作所需要处理的数据开始。

4.4.1 设置数据

首先，我们看一下拓扑中负责流分支的部分，如图 4-13 所示。此外，让我们回顾一下用于实现流分支需求的代码，如代码清单 4-10 所示（完整代码见 src/main/java/bbejeck/chapter_3/
ZMartKafkaStreamsAdvancedReqsApp.java）。

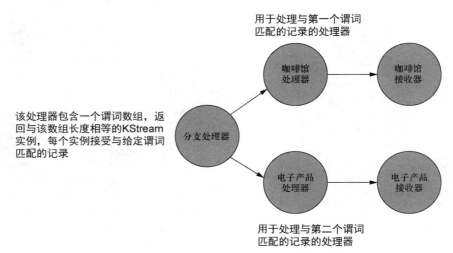

图 4-13   要执行一个连接操作，需要多支流。分支处理器通过创建两支流来处理这个问题，
其中一支流包含咖啡的购买信息，另外一支流包含电子产品的购买信息

代码清单 4-10   分成两支流

```
Predicate<String, Purchase> coffeePurchase = (key, purchase) ->
    purchase.getDepartment().equalsIgnoreCase("coffee");

Predicate<String, Purchase> electronicPurchase = (key, purchase) ->          定义匹配记录
    purchase.getDepartment().equalsIgnoreCase("electronics");                 的谓词

final int COFFEE_PURCHASE = 0;              使用标记的整数来明
final int ELECTRONICS_PURCHASE = 1;         确访问相应的数组

KStream<String, Purchase>[] branchedTransactions =                            创建分
    transactionStream.branch(coffeePurchase, electronicPurchase);            支流
```

以上代码展示了如何执行分支:使用谓词将输入的记录匹配到一个 KStream 实例的数组中。
匹配顺序与 KStream 对象在数组中的位置一致，分支线程将任何不匹配谓词的记录丢弃。

尽管进行连接操作的两支流已具备了，但还有另外一个步骤要执行。请记住，传入 Kafka
Streams 应用程序的购买记录没有键，因此还需要增加另外一个处理器来生成包含客户 ID 的键。
之所以需要填充键是因为要通过键将记录关联起来。

4.4.2   生成包含客户 ID 的键来执行连接

为了生成键，从流中的购买数据中选取客户 ID。要做到这一点，就需要更新原来的 KStream

实例（`transactionStream`），并在该节点和分支节点之间增加另外一个处理节点，如代码清单 4-11 所示（完整代码见 /src/main/java/bbejeck/chapter_4/KafkaStreamsJoinsApp.java）。

代码清单 4-11   生成新键

```
KStream<String, Purchase>[] branchesStream =
    transactionStream.selectKey((k,v)->
    v.getCustomerId()).branch(coffeePurchase, electronicPurchase);
```

插入选择键
处理节点

图 4-14 展示了基于代码清单 4-11 的处理拓扑的更新视图。之前我们已见过，更改键之后数据可能需要重新分区，对于本例也同样如此，那么为什么没有重新分区的步骤呢？

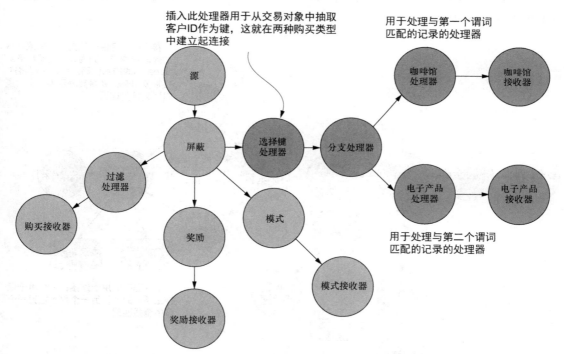

图 4-14   需要将键/值购买记录重新映射为包含客户 ID 的键的记录，
幸运的是，可以从 Purchase 对象中抽取客户 ID

在 Kafka Streams 中，无论何时调用一个可导致产生一个新键（`selectKey`、`map` 或 `transform`）的方法，内部一个布尔类型的标识位就会被设置为 `true`，这就表明新的 KStream 实例需要重新分区。如果设置了这个布尔标识位，那么在执行 join、reduce 或者聚合操作时，将会自动进行重新分区。

在本例，对 `transactionStream` 执行了一个 `selectKey()` 操作，那么产生的 KStream

实例就被标记为重新分区。此外，立即执行了一个分支操作，那么 branch() 方法调用产生的每个 KStream 实例也被标记为重新分区。

> **注意**　本示例中，仅通过使用键进行重新分区。但是有些时候可能既不想使用键也不想使用键和值的组合，在这种情况下，可以使用 StreamPartitioner<K, V>接口，如代码清单 4-5 所示。

现在已经有了两个具有填充键的独立流，接下来就可以进行下一步——根据键连接流。

4.4.3　构建连接

下一步就开始执行实际的连接，通过调用 KStream.join() 方法将两个分支流进行连接。拓扑图如图 4-15 所示。

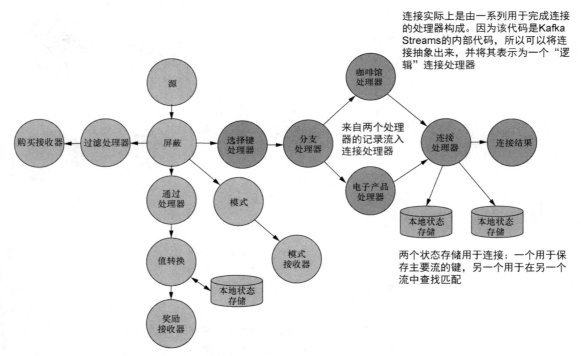

图 4-15　在这个更新的拓扑中，咖啡馆处理器和电子产品处理器将它们的记录转发给连接处理器。连接处理器使用两个状态存储来搜索另一支流中的记录的匹配项

1.　连接购买记录

要创建用于连接的记录，需要创建一个 ValueJoiner<V1,V2,R>实例。ValueJoiner 接收两个对象，这两个对象的类型可能相同也可能不同，并且返回单个对象，该对象的类型也可

能与接收的两个对象的类型不同。本示例中 ValueJoiner 接收两个 Purchase 对象，并返回一个 CorrelatedPurchase 对象。让我们看一下代码清单 4-12 所示的代码（完整代码见 src/main/java/bbejeck/chapter_4/joiner/PurchaseJoiner.java）。

代码清单 4-12 `ValueJoiner` 实现

```
public class PurchaseJoiner
➡ implements ValueJoiner<Purchase, Purchase, CorrelatedPurchase> {

    @Override
    public CorrelatedPurchase apply(Purchase purchase, Purchase purchase2) {
        CorrelatedPurchase.Builder builder =
➡ CorrelatedPurchase.newBuilder();              ⟵  实例化
                                                      builder

        Date purchaseDate =
➡ purchase != null ? purchase.getPurchaseDate() : null;

        Double price = purchase != null ? purchase.getPrice() : 0.0;
        String itemPurchased =
➡ purchase != null ? purchase.getItemPurchased() : null;  ⟵┐ 在外连接时处理空
                                                            └ Purchase 对象

        Date otherPurchaseDate =
➡ otherPurchase != null ? otherPurchase.getPurchaseDate() : null;

        Double otherPrice =
➡ otherPurchase != null ? otherPurchase.getPrice() : 0.0;

        String otherItemPurchased =
➡ otherPurchase != null ? otherPurchase.getItemPurchased() : null;  ⟵┐
                                                         在左外连接时处理
                                                         空 Purchase 对象
        List<String> purchasedItems = new ArrayList<>();

        if (itemPurchased != null) {
            purchasedItems.add(itemPurchased);
        }

        if (otherItemPurchased != null) {
            purchasedItems.add(otherItemPurchased);
        }

        String customerId =
➡ purchase != null ? purchase.getCustomerId() : null;

        String otherCustomerId =
➡ otherPurchase != null ? otherPurchase.getCustomerId() :null;

        builder.withCustomerId(customerId != null ? customerId :
➡ otherCustomer Id)
                .withFirstPurchaseDate(purchaseDate)
                .withSecondPurchaseDate(otherPurchaseDate)
                .withItemsPurchased(purchasedItems)
                .withTotalAmount(price + otherPrice);
```

```
        return builder.build();        ◁────┐  返回一个新 CorrelatedPurchase
    }                                         │  对象
}                                             │
```

为了创建 `CorrelatedPurchase` 对象，需要从每个 `Purchase` 对象中抽取一些信息。鉴于用于构造新对象项的数量，可以使用建造者模式，它可以使代码更清晰，并消除了由于参数错位而导致的一些错误。此外，`PurchaseJoiner` 会分别检查所提供的两个 `Purchase` 对象的空值，因此可以用于内连接、外连接和左外连接。我们将在 4.4.4 节中讨论不同的连接选项，现在让我们继续实现流之间的连接。

2. 实现连接

已经了解了如何合并流之间的连接产生的记录，现在让我们继续调用现行的 `KStream.join` 方法，如代码清单 4-13 所示（完整代码见 src/main/java/bbejeck/chapter_4/KafkaStreamsJoinsApp.java）。

代码清单 4-13   使用 `join()` 方法

```
KStream<String, Purchase> coffeeStream =
➥ branchesStream[COFFEE_PURCHASE];              ◁──── 提取分支流
KStream<String, Purchase> electronicsStream =
➥ branchesStream[ELECTRONICS_PURCHASE];                用于执行连接操作
                                                       的 ValueJoiner 实例
ValueJoiner<Purchase, Purchase, CorrelatedPurchase> purchaseJoiner =
➥ new PurchaseJoiner();                         ◁───────┘

JoinWindows twentyMinuteWindow = JoinWindows.of(60 * 1000 * 20);

KStream<String, CorrelatedPurchase> joinedKStream =         调用 join 方法，触
➥ coffeeStream.join(electronicsStream,          ◁──── 发 coffeeStream 和
                    purchaseJoiner,                    electronicsStream 自
                    twentyMinuteWindow,                动重新分区
                    Joined.with(stringSerde,
                               purchaseSerde,
                               purchaseSerde));   ◁──── 构造连接

  joinedKStream.print("joinedStream");      ◁──── 将连接结果打印
                                                 到控制台
```

向 `KStream.join` 方法提供了 4 个参数，各参数说明如下。

■ `electronicsStream`——要连接的电子产品购买流。

■ `purchaseJoiner`——`ValueJoiner<V1, V2, R>`接口的一个实现，`ValueJoiner` 接收两个值（不一定是相同类型）。`ValueJoiner.apply` 方法执行用于特定实现的逻辑并返回一个 R 类型（可能是一个全新的类型）的对象（有可能是新创建的对象）。本示例中，`purchaseJoiner` 将增加一些从两个 `Purchase` 对象中获取的相关信息，并返回一个 `CorrelatedPurchase` 对象。

■ `twentyMinuteWindow`——一个 `JoinWindows` 实例。`JoinWindows.of` 方法指定连

接的两个值之间的最大时间差。本示例中，时间戳必须在彼此 20 分钟以内。

- 一个 Joined 实例——提供执行连接操作的可选参数。本示例中。提供流[①]的键和值对应的 Serde，以及第二个流的值对应的 Serde。仅提供键的 Serde，因为连接记录时，两个记录的键必须是相同类型。

注意 连接操作时序列化与反序列化器（Serde）是必需的，因为连接操作的参与者物化在窗口状态存储中。本示例中，只提供了键的 Serde，因为连接操作的两边的键必须是相同类型。

本示例仅指定购买事件要在彼此 20 分钟以内，但是没有要求顺序。只要时间戳在彼此 20 分钟以内，连接操作就会发生。

两个额外的 JoinWindows() 方法可供使用，可以使用它们来指定事件的顺序。

- JoinWindows.after——streamA.join(streamB,...,twentyMinuteWindow.after(5000),...)，这句指定了 streamB 记录的时间戳最多比 streamA 记录的时间戳滞后 5 秒。窗口的起始时间边界不变。
- JoinWindows.before——streamA.join(stream,...,twentyMinuteWindow.before(5000),...)，这句指定了 streamB 记录的时间戳最多比 streamA 记录的时间戳提早 5 秒。窗口的结束时间边界不变。

before() 和 after() 方法的时间差均以毫秒表示。用于连接的时间间隔是滑动窗口的一个例子，在下章将详细介绍窗口操作。

注意 在代码清单 4-13 中，依赖于交易的实际时间戳，而不是 Kafka 设置的时间戳。为了使用交易自带的时间戳，通过设置 StreamsConfig.DEFAULT_TIMESTAMP_EXTRACTOR_CLASS_CONFIG，指定自定义的时间戳提取器 TransactionTimestampExtractor.class。

现在已经构建了一个连接流：在购买咖啡后 20 分钟内购买电子产品的客户在他们下次光顾 ZMart 时将获得一张免费咖啡券。

在我们进一步讨论之前，我想花一点时间来解释连接数据的一个重要要求——协同分区。

3. 协同分区

为了在 Kafka Streams 中执行一个连接操作，需要确保连接操作的所有参与者协同分区，这意味着它们具有相同数量的分区，按键分区并且键的类型相同。因此，在代码清单 4-13 中当调用 join() 方法时，需要检查连接操作的两个 KStream 实例是否需要进行重新分区。

注意 GlobalKTable 实例参与连接操作时不需要重新分区。

在 4.4.2 节中，在 transactionStream 上使用 selectKey() 方法，并在返回的 KStream 上直接分支。因为 selectKey() 方法修改了键，所以 coffeeStream 和 electronicsStream

---

[①] 是指调用 join 方法的流，类似于两个数相乘时，乘数与被乘数的概念。——译者注

都需要重新分区。值得强调的是，重新分区是很有必要的，因为要确保相同键的记录被写入同一个分区中，这个重新分区是被自动处理的。此外，当启动 Kafka Streams 应用时，需要检查参与连接操作的主题是否具有相同数量的分区。如果发现任何不匹配，那么就会抛出 TopologyBuilderException。开发人员需要负责确保连接操作中涉及的键具有相同的类型。

　　协同分区还要求所有 Kafka 生产者向 Kafka Streams 源主题写入时都使用相同分区器类。同样地，对于任何通过 KStream.to() 方法写入 Kafka Streams 接收器主题的操作，都需要使用相同的流分区器（StreamPartitioner）。如果使用默认的分区策略，那么就没必要担心分区策略了。

　　让我们继续讨论连接操作的其他可用选项。

4.4.4　其他连接选项

　　代码清单 4-13 中的连接是一个内连接。对于内连接，如果两条记录都不存在，则连接不会发生，也不会生成 CorrelatedPurchase 对象。还有其他连接操作，它们并不要求连接操作的记录都存在。如果你需要信息，即使当连接操作所需的记录不可用时，这些连接操作也是有用的。

1．外连接

　　外连接总是输出一条记录，但是转发的连接记录可能不包括连接所指定的两个事件。如果连接的任何一方在时间窗口到期时还不存在，那么外连接将可用的记录发送到下游。当然，如果在时间窗口之内都存在，那么下发的记录就包括这两个事件。

　　例如，如果想在代码清单 4-13 中使用外连接，可以这样做：

```
coffeeStream.outerJoin(electronicsStream,...)
```

　　图 4-16 演示了外连接的 3 种可能的结果。

2．左外连接

　　从左外连接发送到下游的记录与外连接类似，只有一个区别。当在连接窗口只有另一个流的事件可用时，不会有任何输出。如果想在代码清单 4-13 中使用左外连接，可以这样做

```
coffeeStream.leftJoin(electronicsStream,...)
```

　　图 4-17 演示了左外连接的结果。

　　我们已经介绍了流的连接，但是还有一个概念值得更详细地探讨：时间戳及其对 Kafka Streams 应用程序的影响。在连接操作示例中，指定了两个事件之间的最大时间差为 20 分钟。这只是发生交易之间的时间，但是并没有指定如何设置或提取时间戳，现在让我们来看看是如何实现的。

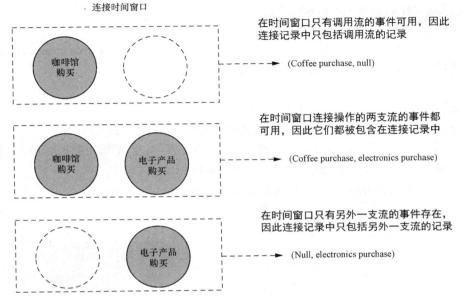

图 4-16 外连接可能的 3 种结果：只有调用流的事件，两个流的
事件都存在，只有另一个流的事件

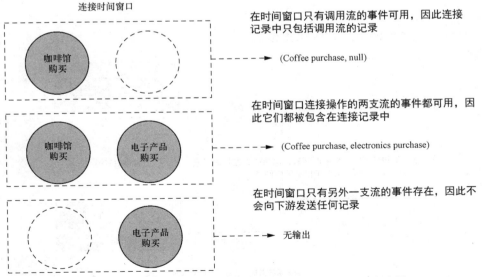

图 4-17 左外连接可能的 3 种结果，但是如果只有另一个流的
记录可用，则不会有任何结果输出

4.5 Kafka Streams 中的时间戳

在 2.4.4 节介绍了 Kafka 记录中的时间戳，在本节，我们将讨论在 Kafka Streams 中时间戳的用法。时间戳在 Kafka Streams 功能的关键领域发挥作用，如下：

- 连接流；
- 更新变更日志（KTable API）；
- 决定 Processor.punctuate 方法何时被触发（处理器 API）。

虽然还没有介绍 KTable 和处理器 API，但是没有关系，它们不影响你对本节内容的理解。在流式处理中，可以将时间戳分为 3 类，如图 4-18 所示。

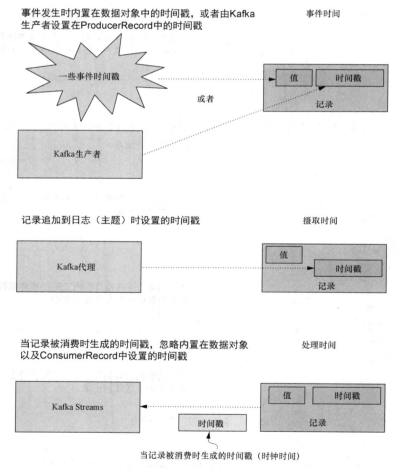

图 4-18 Kafka Streams 中的 3 类时间戳：事件时间、摄取时间和处理时间

- 事件时间——当事件发生时设置时间戳，通常内置在对象中用于表示事件。基于我们的

目的，我们也可以考虑将创建 `ProducerRecord` 对象时设置的时间戳作为事件时间。
- 摄取时间——数据首次进入数据处理管道时设置的时间戳。可以考虑由 Kafka 代理设置的时间戳（假设配置项是日志追加时间 `LogAppendTime`）作为摄取时间。
- 处理时间——当数据或事件记录首次开始流经处理管道时设置的时间戳。

在本节中，将会看到 Kafka Streams API 如何支持以上 3 种类型的处理时间戳。

注意　到目前为止，我们有一个隐含的假设，即客户端和 Kafka 代理位于同一时区，但实际情况可能并非总是如此。当使用时间戳时，最安全的方法是使用 UTC 时区的标准化时间，这样就消除了哪些代理和客户端使用哪些时区所带来的混乱。

我们将考虑 3 种时间戳处理语义。
- 内置在实际事件或消息对象中的时间戳（事件-时间语义）。
- 当创建 `ProducerRecord` 时，使用记录元数据中设置的时间戳（事件-时间语义）。
- 当 Kafka Streams 应用程序摄取记录时使用的当前时间戳（当前本地时间）（处理-时间语义）。

对于事件-时间语义，使用 `ProducerRecord` 在元数据中设置的时间戳就足够了，但是当有不同需求时可能就不满足了，比如以下几个示例。
- 你正在向 Kafka 发送消息对象中带有时间戳的事件，当这些事件对象对 Kafka 生产者可用时，会有一些延时，因此你考虑只使用事件对象内置的时间戳。
- 你希望使用当 Kafka Streams 应用程序消费记录时的时间而不是使用记录自身的时间戳。

为了启用不同的处理语义，Kafka Streams 提供了一个时间戳提取器（`TimestampExtractor`）接口，并提供了该接口的一个抽象的和四个具体的实现。如果需要使用记录值中内置的时间戳，需要建立一个自定义的 `TimestampExtractor` 接口的实现。现在，我们简要看看 Kafka Streams 已提供的实现，并实现一个自定义的 `TimestampExtractor`。

4.5.1　自带的时间戳提取器实现类

几乎所有自带的时间戳提取器的实现都使用生产者或者代理对消息元数据设置的时间戳，从而提供事件-时间处理语义（由生产者设置的时间戳）或基于日志追加时间的处理语义（由代理设置的时间戳）。图 4-19 展示了如何从 `ConsumerRecord` 对象中提取时间戳。

尽管你假定默认配置的时间戳设置是 `CreateTime`，但是请记住如果你原来使用的是 `LogAppendTime`，那么返回的时间戳值将会是 Kafka 代理将记录追加到日志的时间。`ExtractRecordMetadataTimestamp` 是一个抽象类，提供从 `ConsumerRecord` 中提取元数据时间戳的核心功能，大多数 `TimestampExtractor` 接口的具体实现都继承自该抽象类，实现方法覆盖该抽象类的抽象方法 `ExtractRecordMetadataTimestamp.onInvalidTimestamp`，处理无效的时间戳（当时间戳小于 0 时）。

下面是继承自 `ExtractRecordMetadataTimestamp` 类的类列表。
- `FailOnInvalidTimestamp`——在时间戳无效的情况下抛出异常。

- LogAndSkipOnInvalidTimestamp——返回无效的时间戳，并产生一条警告日志，该记录由于时间戳无效而被丢弃。
- UsePreviousTimeOnInvalidTimestamp——在时间戳无效的情况下，将返回上次有效提取的时间戳。

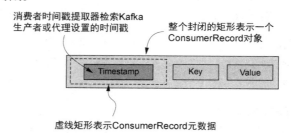

图 4-19   ConsumerRecord 对象中的时间戳：是由生产者还是代理设置时间戳，取决于你的配置

已经对事件-时间时间戳提取器做了介绍，但是还有一个自带的时间戳提取器需要介绍。

4.5.2   WallclockTimestampExtractor

WallclockTimestampExtractor 提供处理-时间语义，它不会提取任何时间戳，而是通过调用 System.currentTimeMillis() 方法，以毫秒数返回当前时间。

以上介绍的都是 Kafka Streams 提供的时间戳提取器，接下来，我们将介绍如何自定义一个时间戳提取器。

4.5.3   自定义时间戳提取器

为了使用 ConsumerRecord 值对象中的时间戳（或者计算一个时间戳），就需要自定义一个实现了 TimestampExtractor 接口的时间戳提取器。图 4-20 描述了使用值对象中内置的时间戳与 Kafka（生产者或者代理）设置的时间戳对比。

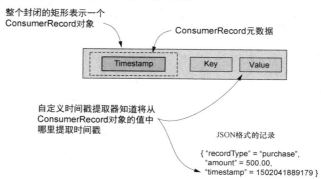

图 4-20   一个自定义的时间戳提取器，它提供一个基于 ConsumerRecord 的值的时间戳。
这个时间戳有可能是一个存在的值也有可能是从值对象的属性字段中计算出来的

代码清单 4-14 给出的是一个时间戳提取器实现的例子（完整代码见 src/main/java/bbejeck/chapter_4/timestamp_extractor/TransactionTimeExtractor.java 类），该提取器在代码清单 4-13 连接操作的示例中使用（尽管并没有在文中显示，因为它是一个配置参数）。

代码清单 4-14　自定义时间戳提取器

从发到 Kafka 的键/值对中检索 Purchase 对象

```
public class TransactionTimestampExtractor implements TimestampExtractor {

    @Override
    public long extract(ConsumerRecord<Object, Object> record,
 ➡ long previousTimestamp) {
        Purchase purchaseTransaction = (Purchase) record.value();
        return purchaseTransaction.getPurchaseDate().getTime();
    }
}
```

返回记录的销售时间点对应的时间戳

在连接操作的示例中，由于想使用实际购买时的时间戳，因此使用了一个自定义时间戳提取器。这种方法使得记录即使在传递时延迟或者到达顺序错乱也可以对其进行连接操作。

警告　当创建一个自定义时间戳提取器时，注意时间戳不要太灵敏。日志保留和切分是基于时间戳的，由提取器提供的时间戳可能成为变更日志和下游主题使用的消息时间戳。

4.5.4　指定一个时间戳提取器

已经对时间戳提取器的工作原理作了介绍，现在让我们告诉应用程序要使用哪一个时间戳提取器。有两种方式来指定时间戳选择器。

第一个方式是设置全局时间戳提取器，在设置 Kafka Streams 应用程序时在配置属性中指定，如果属性中没有指定，那么默认使用 FailOnInvalidTimestamp.class。例如，下面的代码在设置应用程序时通过属性配置时间戳提取器为 TransactionTimestampExtractor。

```
props.put(StreamsConfig.DEFAULT_TIMESTAMP_EXTRACTOR_CLASS_CONFIG,
 ➡ TransactionTimestampExtractor.class);
```

第二种方式是通过 Consumed 对象来提供一个时间戳提取器实例，代码如下：

```
Consumed.with(Serdes.String(), purchaseSerde)
        .withTimestampExtractor(new TransactionTimestampExtractor()))
```

这种方式的好处是每个输入源都有一个时间戳提取器，而第一种方式是在处理来自不同主题的记录时都使用同一个时间戳提取器实例。

关于时间戳的用法就介绍至此。接下来的章节，你会遇到时间戳之间的差异驱动某些动作的情况，比如刷新 KTable 的缓存。我并不期待大家把这 3 种时间戳提取器都记住，重要的是要明白：时间戳是 Kafka 和 Kafka Streams 功能的重要组成部分。

4.6　小结

- 流式处理需要状态。有时事件可以独立进行，但通常需要额外的信息才能做出更好的决策。
- Kafka Streams 为有状态的转换（包括连接）提供了有用的抽象。
- Kafka Streams 中的状态存储为流式处理提供了所需的状态类型——数据本地化和容错。
- 时间戳控制 Kafka Streams 中的数据流，时间戳来源的选择需要仔细考虑。

在下一章中，我们将继续以更有意义的操作来探索流中的状态，比如聚合和分组。我们也会研究 KTable API。KTable 是变更日志的一种实现，相同键的记录会被视为更新，而 KStream API 是将每条记录视为一个单独的离散记录。我们还会介绍 KStream 与 KTable 实例二者之间的连接操作。最后，我们将介绍 Kafka Streams 最令人兴奋的进步之一：可查询的状态。可查询的状态使得可以直接观察流的状态，而不必通过外部应用程序从主题中读取数据来实现信息的具体化。

第 5 章　**KTable API** 5

本章主要内容
- 定义流和表之间的关系。
- 更新记录和 KTable 抽象。
- 聚合操作、开窗操作以及 KStream 和 KTable 之间的连接操作。
- 全局 KTable。
- 可查询的状态存储。

到目前为止,我们已经介绍了 KStream API,以及在 Kafka Streams 应用程序中添加状态。在本章,我们将继续深入研究添加状态,在这个过程中,将会介绍一个新的抽象 KTable。

在介绍 KStream API 时,已经谈到了单个事件或事件流。在最初的 ZMart 示例中,当 Jane Doe 购买物品时,将这笔购买视为一个单独事件。并没有追踪 Jane 购买了多少物品以及购买的频率。在数据库上下文中,购买事件流可以被看作是一系列的插入。因为每条记录都是新的,与其他任何记录无关,所以可以不断地将它们插入表中。

现在,让我们向每个购买事件添加一个主键(客户 ID),这样就有一系列和 Jane Doe 相关联的购买事件或更新。因为使用的是主键,所以每次关于 Jane 购买活动的购买都会被更新。将一个事件流作为插入,带有键的事件作为更新,这就定义了流和表二者之间的关系。

首先,在本章中,我们将更深入地讨论流和表之间的关系,这关系很重要,因为它将帮助我们理解 KTable 的操作方式。

其次,我们将讨论 KTable。对 KTable API 的介绍是必需的,因为设计它们的目的是对记录进行更新。我们要能够对诸如聚合和计算等操作进行更新。在第 4 章介绍状态转换时提到了更新——在 4.2.5 节更新奖励处理器来追踪客户的购买情况。

再次,将介绍开窗操作。开窗操作是在一个给定时期内将数据分桶处理的过程。例如,在过去一小时你做了多少笔购买交易,每 10 分钟做一次更新①?开窗是以块的形式收集数据,而不是

---

① 是指每 10 分钟汇总一次过去 1 小时做了多少笔购买,这就涉及滑动窗口的概念。——译者注

使用无限制的集合。

注意　开窗和分桶在某种程度上是两个同义术语。二者都是将信息放入较小的块或者类别中进行操作。开窗意味着按时间分类，但这两种操作的结果是相同的。

最后，将介绍可查询的状态存储。状态存储是 Kafka Streams 一个令人激动的特性：它允许对状态存储直接进行查询。换句话说，你可以查看有状态的数据，而不必先从 Kafka 主题消费或从数据库中读取这些数据。让我们开始第一个话题。

5.1　流和表之间的关系

在第 1 章中，我将流定义为无限的事件序列。这个说法很笼统，因此我们用一个具体的例子来缩小范围。

5.1.1　记录流

假设你想看一系列股票的价格更新，可以将第 1 章通用的弹珠图重构，如图 5-1 所示。可以看到每只股票的报价都是一个离散事件，它们彼此不相关。即使同一家公司股票的多个报价，在某个时候也只有一个报价。这种事件视图就是 `KStream` 工作的方式——记录流。

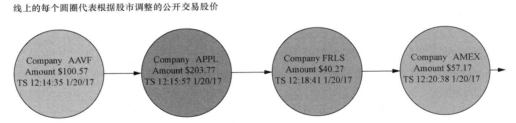

图 5-1　股票行情无界流的弹珠图

现在，让我们看看这个概念是如何与数据库表联系在一起的。看看简单的股票行情表，如图 5-2 所示。

注意　为了使我们的讨论简单明了，我们假设一个键对应一个单一值。

接下来，让我们再看一看记录流。由于每条记录是独立的，因此流表示插入表中的记录。图 5-3 结合这两个概念来说明这一点。

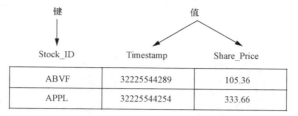

上面表中的行可以被重新定义为键/值对。例如，表中的第一行
可以被转换为这种键/值对：

{key:{stockid:1235588}, value:{ts:32225544289, price:105.36}}

图 5-2　一个简单的数据库表表示公司的股票价格。有一列为键，其他列包括值。
　　　　　如果将其他列合并成一个"值"集合，则可以认为这是键/值对

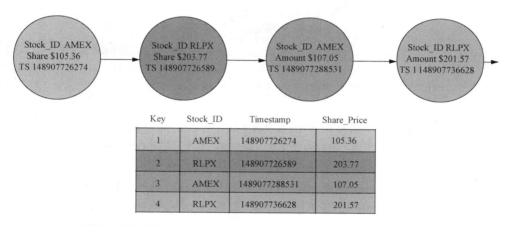

这展示了事件与数据库插入项之间的关系，虽然是两家公司的股价，但是可以看作是 4 个
事件，因为我们将流中的每一项看作是一个单独事件

因此，每个事件就是一个插入项，我们为表中的每个插入项建立一个递增量为 1 的键

考虑到这一点，每个事件都是一个新的、独立的记录或者数据库的插入项

图 5-3　单个事件流与数据库表的插入项相比。你可以将流想象成数据表中的一行记录

　　重要的是，可以像看待表中插入的数据一样来看待事件流，这有助于我们更深入地理解使用
流来处理事件。下一步将研究流中的事件彼此相关的情况。

5.1.2　更新记录或变更日志

　　我们使用和前面相同的客户交易流，但是现在要追踪随着时间推移客户的购买情况。如
果添加一个客户 ID 作为键，则购买事件就可以关联起来了。同时，这将得到一个更新流而不
是事件流。

如果将事件流看作是一个日志，那么更新流则可以被视为一个变更日志。图 5-4 展示了这个概念。

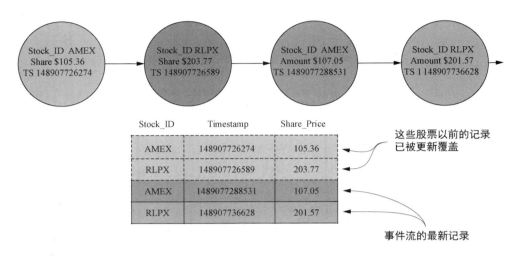

如果使用股票代码作为主键，那么在变更日志中具有相同键的每一个后续
事件就是一条更新，本例仅有两条记录，每个公司一条记录，虽然同一家
公司将会有更多的记录，但这些记录不会累计起来

图 5-4   在变更日志中，每个传入的记录都会覆盖具有相同键的前一条记录。在记录流中可能
      总共有 4 个事件，但是在更新流或者变更日志中，可能仅有两个事件

现在，已经了解了更新流和数据库表之间的关系。日志和变更日志都是将传入记录追加到文件末尾。在一个日志文件中可以看到所有的记录，但是在一个变更日志中，对任何一个给定键只保留其最新记录。

注意   无论是日志还是变更日志，当记录到达时都是追加到文件末尾。两者的区别在于，对于日志你想要的是所有记录，而对于变更日志，你只想要每个键的最新记录。

要消减日志，同时维护每个键的最新记录，可以使用在第 2 章介绍的日志压缩。在图 5-5 中可以看到压缩日志的影响。因为只关心最新值，所以可以删除较旧的键/值对[1]。

现在大家已经熟悉了使用 KStream 的事件流。对于一个变更日志或者更新流，我们使用一个称之为 KTable 的抽象。现在已经建立了流和表之间的关系，下一步是将事件流和更新流进行比较。

---

[1] 本部分节选自 Jay Kreps 的 "Introducing Kafka Streams: Stream Processing Made Simple"（Kafka Streaming 简介：使流式处理变得简单）和 "The Log: What Every Software Engineer Should Know About Real-time Data's Unifying Abstraction"（日志：每个软件工程师都应该知道的关于实时数据的统一抽象）。

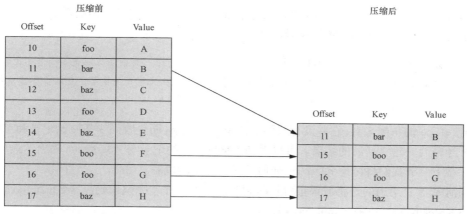

图 5-5 左边是压缩前的日志——你可以看到相同键具有不同的值，这就是更新。
右边是压缩后的日志——每个键保留最新值，但是日志更小

5.1.3 事件流与更新流对比

我们将使用 KStream 和 KTable 来驱动事件流与更新流的比较，通过运行一个简单的股票报价应用程序，该程序输出 3 家公司（虚构的）当前的股票价格，该程序将迭代 3 次，总共生成 9 条股票报价记录。KStream 和 KTable 将读取这些记录并调用 print() 方法将它们输出到控制台。

图 5-6 展示了程序运行的结果。正如你所看到的，KStream 打印了所有的 9 条记录，这正

图 5-6 KTable 和 KStream 打印具有相同键的消息结果对比

是我们期待的结果，因为 KStream 将每条记录视为一个单独的记录。相比之下，KTable 仅打印了 3 条记录，因为 KTable 将记录看作是对前一次记录的更新。

注意 图 5-6 演示了 KTable 如何处理更新。这里需要说明一下，在前面我们做了一个隐含假设。当使用 KTable 时，记录的键/值对必须填充键，键对 KTable 来说至关重要，正如你不能对数据库表中一条没有键的记录进行更新一样。

从 KTable 的角度来看，它并没有收到 9 条单独的记录，而是收到 3 条原始记录和二轮更新，只打印了经最后一轮更新后的结果。可以看到，KTable 的记录与 KStream 输出的最后 3 条记录相同。在下一节我们将讨论 KTable 如何只发出更新的机制。

代码清单 5-1 给出的是将股票报价打印到控制台的程序（完整代码见 src/main/java/bbejeck/chapter_5/KSteamVsKTableExample.java）。

代码清单 5-1　KTable 和 KStream 打印到控制台

```
KTable<String, StockTickerData> stockTickerTable =         创建 KTable 实例
    builder.table(STOCK_TICKER_TABLE_TOPIC);
KStream<String, StockTickerData> stockTickerStream =        创建 KStream 实例
    builder.stream(STOCK_TICKER_STREAM_TOPIC);

stockTickerTable.toStream()
    .print(Printed.<String, StockTickerData>toSysOut()
    .withLabel("Stocks-KTable"));                           KTable 将结果打
                                                            印到控制台

stockTickerStream
    .print(Printed.<String, StockTickerData>toSysOut()
    .withLabel("Stocks-KStream"));                          KStream 将结果打
                                                            印到控制台
```

使用默认的序列化与反序列化器

　　在创建 KTable 和 KStream 时，并没有指定使用任何序列化与反序列化器，在调用 print() 方法时同样如此。之所以可以这样做，是因为在配置中注册了默认的序列化与反序列化器，类似于以下代码：

```
props.put(StreamsConfig.DEFAULT_KEY_SERDE_CLASS_CONFIG,
    Serdes.String().getClass().getName());
props.put(StreamsConfig.DEFAULT_VALUE_SERDE_CLASS_CONFIG,
    StreamsSerdes.StockTickerSerde().getClass().getName());
```

如果使用不同的类型，则需要在重载方法中提供用于读写记录的序列化与反序列化器。

这里的重点在于流中具有相同键的记录是更新的记录，而不是新记录。更新流是 KTable 背后的主要概念。

已经了解了 KTable 的作用，现在对其功能背后的机制进行探讨。

5.2 记录更新和 KTable 配置

为了弄清楚 KTable 是如何工作的，需要回答以下两个问题。

- 记录存储在哪里？
- KTable 如何决定要发送记录？

当我们进行聚合和 reduce 操作时，回答这些问题是必要的。例如，在执行聚合时，你希望看到更新的总数，但可能不想每次更新时计数递增 1。

为了回答第一个问题，请看下面一行创建 KTable 的语句：

```
builder.table(STOCK_TICKER_TABLE_TOPIC);
```

通过这个简单语句，StreamBuilder 创建一个 KTable 实例，同时在后台创建了一个用于追踪流状态的状态存储，从而创建了一个更新流。通过这种方式创建的状态存储有一个内部名称，并且不能用于交互式查询。

StreamBuilder.table 有一个重载的版本，该版本接受一个 Materialized 类型的实例参数，允许自定义存储的类型，并为该存储提供一个可以用于查询的名称。我们将在本章后面讨论交互式查询。

这就给出了第一个问题的答案：KTable 使用与 Kafka Streams 集成的本地状态进行存储（4.3 节中已经讨论了状态存储）。

现在让我们进入下一个问题：是什么决定了 KTable 在何时将更新发送到下游处理器？要回答这个问题，我们需要考虑以下几个因素。

- 流入应用程序的记录数。较高的数据流入速率将增加发送更新记录的速率。
- 数据中有多少个不同的键。同样，不同键越多就可能导致越多的更新被发送到下游。
- 配置参数 cache.max.bytes.buffering 和 commit.interval.ms。

对于以上因素，我们只介绍我们可控的——配置参数。首先，介绍 cache.max.bytes.buffering 配置项。

5.2.1 设置缓存缓冲大小

KTable 缓存用于删除具有相同键的重复更新记录。删除重复数据使得子节点只接收最近的更新记录，而不是所有更新，从而减少处理的数据量。此外，只有最近的更新才会被放置在状态存储中，这样当使用持久化状态存储时就可以显著提升性能。

图 5-7 阐明了缓存操作。正如你所看到的，启用了缓存，并不是所有的记录更新都被转发到下游。缓存中只保留任何给定键的最新记录。

注意 一个 Kafka Streams 应用程序是由节点（处理器）连接的图或拓扑。任何一个给定的节点都可能有一个或多个子节点，除非它是终端处理器。一旦处理器处理完一条记录，它就将记录转发给它的“下游”子节点。

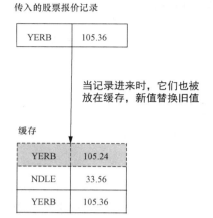

图 5-7   KTable 缓存通过删除具有相同键的更新记录，避免对拓扑中的
KTable 子节点进行大量连续的更新

由于 KTable 表示流中事件的变更日志，所以你期望它在任何时候只处理最新的更新记录，使用缓存来强制执行此行为。如果你想处理流中的所有记录，那么就使用在前面介绍的事件流 KStream。

较大的缓存将减少所发出的更新数量。此外，缓存可以减少通过持久化存储（RocksDB）写入磁盘的数据量。如果启用了日志，那么无论是哪种存储都会向变更日志的主题发送记录数。

缓存的大小是由配置项 cache.max.bytes.buffering 来设置的，该配置项指定分配给记录缓存的内存大小。所指定的内存大小将被流的线程平均分配（流的线程数通过配置项 StreamsConfig.NUM_STREAM_THREADS_CONFIG 指定，该配置项的默认值是 1，即流只有一个线程）。

警告   要关闭缓存，可以设置 cache.max.bytes.buffering 为 0。但是这样设置会导致每个 KTable 更新都被发送到下游，实际上是将变更日志流转化成事件流。此外，没有缓存意味着更多的 I/O 操作，因为持久化存储将每个更新写入磁盘，而不是仅写入最新的更新。

5.2.2   设置提交间隔

另一个设置是 commit.interval.ms 参数，该提交间隔参数用来指定一个处理器的状态被保存的频率（以毫秒为单位）。当处理器的状态被保存（提交）时，它会强制刷新缓存，将最新更新、已删除重复更新的记录发送到下游。

在完整的缓存工作流中（如图 5-8 所示），可以看到在开始向下游发送记录时有两个强制项在起作用。无论提交还是缓存达到其最大值时，都会向下游发送记录。反之，关闭缓存，将向下游发送所有记录，包括重复键。一般而言，当使用 KTable 时最好开启缓存。

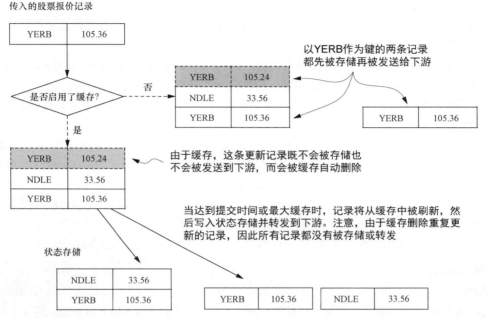

关闭缓存（设置cache.max.bytes.buffering=0），传入的
更新将立即被写入状态存储并发送给下游

传入的股票报价记录

以YERB作为键的两条记录
都先被存储再被发送给下游

是否启用了缓存？ 否

是

由于缓存，这条更新记录既不会被存储也
不会被发送到下游，而会被缓存自动删除

当达到提交时间或最大缓存时，记录将从缓存中被刷新，然
后写入状态存储并转发到下游。注意，由于缓存删除重复更
新的记录，因此所有记录都没有被存储或转发

状态存储

图 5-8 完整的缓存工作流：如果启用了缓存，记录被去重，并在缓存刷新或提交时被发送到下游

正如所看到的，我们需要平衡缓存大小和提交时间。如果缓存大但提交时间短，依然会导致频繁更新。较长的提交间隔可能导致更少的更新（取决于内存设置），因为回收缓存是为了腾出空间。这里没有硬性的规则——只有通过反复试验才能决定什么最适合。最好从默认值 30 秒（提交时间）和 10 MB（缓存大小）开始。关键是要记住从 KTable 发送的更新记录的速率是可以配置的。

下一步将介绍如何在应用程序中使用 KTable。

5.3 聚合和开窗操作

本节将继续介绍 Kafka Streams 中一些最有用的部分。到目前为止，前面已经介绍了 Kafka Streams 以下几方面的内容。

- 如何创建一个处理拓扑。
- 如何在流式应用程序中使用状态。
- 如何在流之间执行连接操作。
- 事件流（KStream）和更新流（KTable）之间的区别。

在接下来的例子中，我们将把这些要素联系在一起。另外，将会介绍开窗操作，它是流式应用程序中另外一个功能强大的工具。第一个例子是一个简单的聚合操作。

5.3.1   按行业汇总股票成交量

在处理流数据时，聚合和分组是必不可少的工具。当数据到达时仅对单条记录检验往往是不够的。要想获得任何洞察力，将需要某种程度上的分组和组合。

在这个例子中，你将扮演一个日间交易员的角色，你将追踪所选行业列表中涉及的公司的股票成交量。特别是你对每个行业中排名前 5 位的公司（按股票成交量）感兴趣。

要完成本示例中的聚合操作，需要几个步骤来将数据设置为正确的格式。从高级层面上，这几个步骤大致如下。

（1）从一个主题创建数据源，用来发布原始的股票交易信息。需要将 StockTransaction 对象映射成 ShareVolume 对象。执行这个映射的理由很简单：StockTransaction 对象包括关于交易的元数据，但是你只需要交易中涉及的股票数量。

（2）根据股票代码将 ShareVolume 分组。一旦 ShareVolume 按股票代码分组，你就可以将其缩小到一个滚动的交易总量。这里我应该指出的是调用 KStream.groupBy 方法返回一个 KGroupedStream 实例，然后调用 KGroupedStream.reduce 方法将会得到一个 KTable 实例。

什么是 KGroupedStream

当调用 KStream.groupBy 或者 KStream.groupByKey 方法时，返回的实例就是 KGroupedStream。KGroupedStream 是事件流在按键分组后的中间表示，它并不意味着可以直接使用。相反，需要对 KGroupedStream 执行聚合操作，它总是产生一个 KTable 实例。由于聚合操作生成一个 KTable 实例并使用状态存储，因此并不是所有的更新最终都会被发送到下游。

KTable.groupBy 方法产生一个类似于 KGroupTable 的实例，该实例是按键重新分组的更新流的中间表示。

我们先来看一下图 5-9，这是目前为止我们所构造的拓扑图，这个拓扑图大家现在都已经熟悉了。

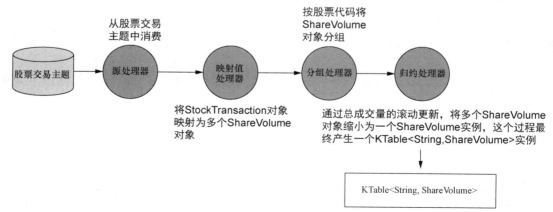

图 5-9   将 StockTransaction 对象映射成 ShareVolume 对象，然后缩小为滚动的总数

现在，我们来看看拓扑背后的代码，如代码清单 5-2 所示（完整代码见 src/main/java/bbejeck/chapter_5/AggregationsAmdReducingExample.java）。

代码清单 5-2 股票交易映射-缩小操作的源

```
KTable<String, ShareVolume> shareVolume =
  builder.stream(STOCK_TRANSACTIONS_TOPIC,
                 Consumed.with(stringSerde, stockTransactionSerde)
  .withOffsetResetPolicy(EARLIEST))
  .mapValues(st -> ShareVolume.newBuilder(st).build())
  .groupBy((k, v) -> v.getSymbol(),
                 Serialized.with(stringSerde, shareVolumeSerde))
  .reduce(ShareVolume::reduce);
```

源处理器从一个主题消费数据

将 StockTransaction 对象映射为 ShareVolume 对象

将 ShareVolume 对象缩小为一个包括股票成交量的滚动聚合体

根据股票代码将 ShareVolume 对象分组

这段代码很简洁，将大量的功能压缩到几行代码中。如果看 builder.stream 方法的第一个参数，你会看到一些新的东西——AutoOffsetRest.EARLIEST 枚举（还有一个值为 LATEST），用来设置 Consumed.withOffsetResetPolicy 方法。该枚举用来指定每个 KStream 或 KTable 偏移量重置策略。这里使用枚举对偏移量重置策略的设置优先于流配置中的设置。

GroupByKey 与 GroupBy 对比

KStream 提供了两个对记录分组的方法，即 GroupByKey 和 GroupBy。这两个方法都返回 KGroupedTable 实例，所以你或许会好奇这两个方法的区别在哪里，以及该何时使用哪个方法。

GroupByKey 方法适用于 KStream 的键不为空的情况，更重要的是"需要重新分区"的标志位没有被设置过。

GroupBy 方法假定你已修改了分组的键，所以重新分区的标志位为 true。调用 GroupBy 方法之后，连接、聚合以及类似的操作将会自动进行重新分区。

总之，无论在什么时候尽可能地使用 GroupByKey 方法，而不用 GroupBy 方法。

已经弄清了 mapValues 方法和 groupBy 方法的作用，现在深入介绍一下 sum() 方法（源代码见 src/main/java/bbejeck/model/ShareVolume.java），如代码清单 5-3 所示。

代码清单 5-3 ShareVolume.sum 方法

```
public static ShareVolume sum(ShareVolume csv1, ShareVolume csv2) {
    Builder builder = new Builder(csv1);
    builder.shares = csv1.shares + csv2.shares;
    return builder.build();
}
```

使用 Builder 复制构造函数

将两个 ShareVolume 对象的总成交量设为成交量

调用 build 方法并返回一个新的 ShareVolume 对象

注意　在本书前面已介绍了建造者模式的使用，但这里的上下文有些不同。在本示例，使用建造者（builder）复制一个对象，并更新该对象的字段，原对象不变。

ShareVolume.sum 方法提供股票滚动总成交量，同时整个处理链的结果是 KTable<String, ShareVolume>对象。现在，你可以看到 KTable 的角色。当 ShareVolume 对象到达时，与其关联的 KTable 保留它的最新更新。重要的是要记住：每一个更新都在先前的 share VolumeKTable 中体现，但并不是每个更新都需要发送到下游。

注意　为什么要归约而不是聚合呢？尽管归约也是聚合的一种形式，但是归约操作将产生相同类型的对象。聚合也对结果进行求和，但是它可以返回不同类型的对象。

接下来，将使用 KTable，通过它来执行一个获取排名前 5 位的聚合汇总操作（按股票成交量）。这里采取的步骤类似于第一次聚合操作的步骤。

（1）执行另一个 groupBy 操作，将单个的 ShareVolume 对象按行业分组。

（2）开始添加 ShareVolume 对象。这次，聚合对象是一个大小固定的优先队列。大小固定的队列只保留股票成交量排名前 5 位的公司。

（3）将队列映射成一个字符串，按成交量报告每个行业排名前 5 位的股票。

（4）将结果写入一个主题中。

图 5-10 展示了数据流的拓扑图。正如你所看到的，第二轮处理过程很简单。

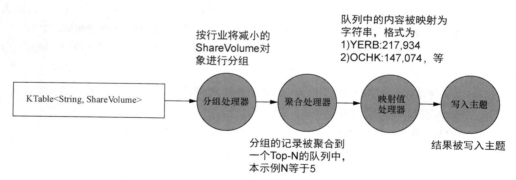

图 5-10　按行业分组的拓扑，聚合前 5 名，将前 5 名队列
映射成一个字符串，并将结果输出到一个主题

对第二轮处理的结构有了清晰的了解，现在让我们看一下它的实现源代码（源代码见 src/main/java/bbejeck/chapter_5/AggregationsAndReducingExample.java），如代码清单 5-4 所示。

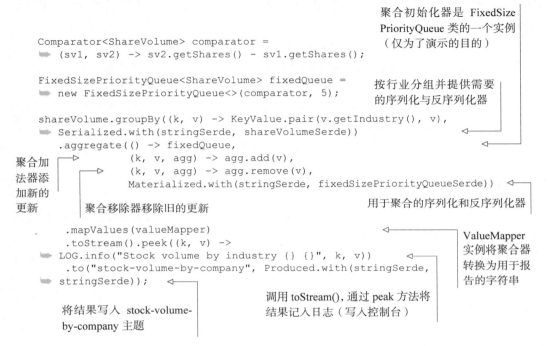

代码清单 5-4 `KTable` 的 `groupBy` 和聚合操作

聚合初始化器是 FixedSize PriorityQueue 类的一个实例（仅为了演示的目的）

```
Comparator<ShareVolume> comparator =
    (sv1, sv2) -> sv2.getShares() - sv1.getShares();

FixedSizePriorityQueue<ShareVolume> fixedQueue =
    new FixedSizePriorityQueue<>(comparator, 5);

shareVolume.groupBy((k, v) -> KeyValue.pair(v.getIndustry(), v),
    Serialized.with(stringSerde, shareVolumeSerde))
    .aggregate(() -> fixedQueue,
            (k, v, agg) -> agg.add(v),
            (k, v, agg) -> agg.remove(v),
            Materialized.with(stringSerde, fixedSizePriorityQueueSerde))
    .mapValues(valueMapper)
    .toStream().peek((k, v) ->
LOG.info("Stock volume by industry {} {}", k, v))
    .to("stock-volume-by-company", Produced.with(stringSerde,
    stringSerde));
```

按行业分组并提供需要的序列化与反序列化器

聚合加法器添加新的更新

聚合移除器移除旧的更新

用于聚合的序列化和反序列化器

ValueMapper 实例将聚合器转换为用于报告的字符串

调用 toStream()，通过 peak 方法将结果记入日志（写入控制台）

将结果写入 stock-volume-by-company 主题

在这个初始化器中，有一个 `fixedQueue` 变量，这是一个自定义的对象，是对 `java.util.TreeSet` 的封装，用于跟踪排名前 N 的结果，并按股票成交量降序排序。

你之前已看到过对 `groupBy` 和 `mapValues` 方法的调用，因此我们不再对它们进行介绍（调用的是 `KTable.toStream` 方法，因为 `KTable.print` 方法已弃用）。但是以前没有看到过 `KTable` 版本的 `aggregate` 方法，因此我们花一点时间讨论一下该方法。

大家还记得，`KTable` 的独特之处在于具有相同键的记录是更新。`KTable` 使用新记录替代旧记录。聚合以相同方式工作，它使用相同的键聚合最新的记录。当记录到达时，使用 `adder()` 方法（`aggregate` 调用中的第二个参数）将其添加到 `FixedSizePriorityQueue` 中。但是如果存在具有相同键的另一条记录，则将使用 `subtractor` 移除旧的记录（`aggregate` 调用中的第三个参数）。

这意味着聚合器 `FixedSizePriorityQueue` 不会聚合具有相同键的所有值，而是保留了成交量最大的 N 只股票的运行记录。每一条进来的记录都包括到目前为止的股票总交易量。`KTable` 会展示目前哪些股票的成交量最大，不需要每次更新都运行聚合。

现在你已经学会了如何做以下两件重要的事情。

- 使用共同的键将 `KTable` 中的值进行分组。
- 对分组后的值执行一些有用的操作，例如归约和聚合。

当数据流经 Kafka Streams 应用，你试图理解这些数据，或者确定这些数据告诉你什么内容时，执行这些操作的能力就非常重要。

我们还汇集了本书前面讨论的一些关键概念。第 4 章中介绍过流式应用程序的容错、本地状态的重要性。本章的第一个示例展示了为什么本地状态如此重要——它允许你记录你所看到的。本地访问避免了网络延迟，使得应用程序更加健壮、性能更高。

每当执行归约或聚合操作时，需要提供状态存储的名称。归约和聚合操作返回一个 KTable 实例，KTable 使用状态存储来用较新的记录替代较旧的记录。如你所见，并不是每个更新都会被转发到下游，这很重要，因为需要执行聚合操作来收集汇总信息。如果不使用本地状态，KTable 将会转发每一个的聚合或归约的结果。

接下来，我们将研究如何在不同时间段执行类似于聚合的操作，即一个叫作开窗的过程。

5.3.2　开窗操作

在上一节，我们讨论了"滚动"归约和聚合。应用程序持续执行归约股票成交量，然后聚合在股票市场上排名前 5 名的股票成交量。

有时，可能需要这样不断地聚合和归约的结果。而还有时，可能只想在一个给定的时间范围内执行这些操作。例如，在过去 10 分钟内，有多少股票交易涉及一个特定的公司？在过去 15 分钟内，有多少用户点击查看了一个新广告？一个应用程序可能执行很多次这些操作，但结果可能仅限于在一个定义的期间或时间窗口。

1. 按客户汇总股票交易

在下一个示例中，将跟踪几位交易员的股票交易。这些交易员可能是大型机构的交易员或者精通金融的个人。

做这个跟踪有两个可能的原因，其中一个原因是你想知道市场领导者在哪里买卖。如果这些大买家或精明的投资者看到市场上的机会，你也会遵循同样的策略。另一个原因是你可能想确定任何内幕交易的迹象。你想调查交易大幅飙升的时间，并将其与重大新闻发布联系起来。

下面是跟踪的步骤。

（1）创建一个从股票交易主题读取数据的流。

（2）将传入的记录按客户 ID 和股票代码进行分组。调用 groupBy 方法返回一个 KGrouped Stream 实例。

（3）使用 KGroupedStream.windowedBy 方法返回一个基于窗口的流，因而可以执行某种窗口聚合的操作。根据所提供的窗口类型，将会返回 TimeWindowedKStream 或 Session WindowedKStream 其中之一。

（4）执行聚合操作中的汇总操作，窗口流判定记录是否包含在汇总中。

（5）将结果写入一个主题中，或者在开发期间将结果打印到控制台。

这个应用程序的拓扑很简单，但是有一个反映该结构思想的图片还是很有帮助的，如图 5-11 所示。

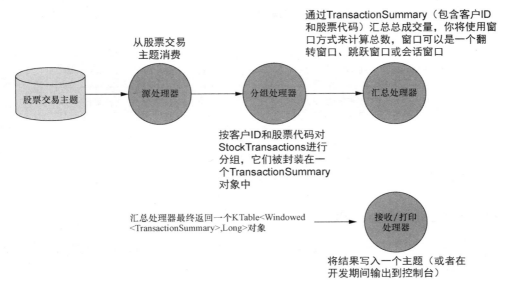

图 5-11 汇总窗口拓扑

接下来，我们看看开窗功能和相应的代码。

2. 窗口类型

在 Kafka Streams 中，有以下 3 种类型的窗口：

■ 会话窗口；

■ 翻转窗口；

■ 滑动/跳跃窗口。

选择哪种类型的窗口取决于业务需求。翻转和跳跃窗口是有时间限制的，而会话窗口偏重于用户活跃度，会话的长度仅取决于用户的活跃度。要记住，对于所有类型窗口的一个关键点是它们都是基于记录中的时间戳，而不是时钟时间。

接下来，将使用每个类型窗口来实现拓扑。我们只给出第一个窗口示例的完整代码，其他窗口操作除改变窗口类型之外，其他内容保持不变。

3. 会话窗口

会话窗口与其他窗口非常不同。会话窗口不受时间的严格限制，而受用户活跃度（或你希望跟踪的任何活动）的限制。可以通过一段不活跃的时间来描述会话窗口。

图 5-12 展示了如何查看会话窗口。较小的会话将与左边的会话合并，但是右边的会话将成

为一个新的会话，因为它后面有一个很大的不活跃间隙。会话窗口基于用户的活跃度，但是使用的是记录中的时间戳来确定一条记录属于哪个会话。

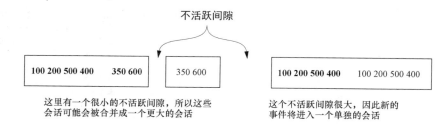

图 5-12　由一个小的不活跃间隙分隔开的会话窗口组合形成一个新的更大的会话

4. 使用会话窗口来跟踪股票交易

使用会话窗口来捕获股票交易，代码清单 5-5 展示了如何实现会话窗口（完整代码见 src/main/java/bbejeck/chapter_5/CountingWindwingAndKTableJoinExample.java）。

代码清单 5-5　使用会话窗口跟踪股票交易

```
Serde<String> stringSerde = Serdes.String();
Serde<StockTransaction> transactionSerde =
➥ StreamsSerdes.StockTransactionSerde();

Serde<TransactionSummary> transactionKeySerde =
➥ StreamsSerdes.TransactionSummarySerde();


long twentySeconds = 1000 * 20;
long fifteenMinutes = 1000 * 60 * 15;
KTable<Windowed<TransactionSummary>, Long>
➥ customerTransactionCounts =
➥ builder.stream(STOCK_TRANSACTIONS_TOPIC, Consumed.with(stringSerde,
➥ transactionSerde)
    .withOffsetResetPolicy(LATEST))
    .groupBy((noKey, transaction) ->
➥ TransactionSummary.from(transaction),
➥ Serialized.with(transactionKeySerde, transactionSerde))
    .windowedBy(SessionWindows.with(twentySeconds).
➥ until(fifteenMinutes)).count();


customerTransactionCounts.toStream()
```

从 STOCK_TRANSACTIONS_TOPIC（一个字符串常量）定义的主题创建一个流，该流使用 LATEST 枚举的偏移量重置策略

调用 groupBy 和 count 方法生成的 KTable

根据客户 ID 和股票代码对记录分组，并存储在 TransactionSummary 对象中

使用 SessionWindow 对分组记录进行开窗操作，会话窗口设置的不活跃的时间为 20 秒，保留时间为 15 分钟。然后执行 count 聚合操作

⇒ `.print(Printed.<Windowed<TransactionSummary>, Long>toSysOut()`
⇒ `.withLabel("Customer Transactions Counts"));`

将 KTable 的输出转换为 KStream，并将结果打印到控制台

对这个拓扑中指定的大多数操作大家都已经见过，因此在这里我们不再重复介绍。但是有些新内容，我们现在介绍一下。

每次执行一个 groupBy 操作时，通常都会执行某种聚合类操作（如聚合、归约或者 count）。可以在以前的结果持续构建的地方执行累积的聚合，或者在对于指定的时间窗口记录被合并的地方执行窗口聚合。

代码清单 5-5 中的代码基于会话窗口进行 count 操作，图 5-13 对其进行分解。

调用with方法创建
20秒的不活跃间隙

until方法创建一个保留期，
本例中该保留期为15分钟

`SessionWindows.with(twentySeconds).until(fifteenMinutes)`

图 5-13 创建具有不活跃时期和保留期的会话窗口

通过调用 windowedBy(SessionWindows.with(twentySeconds).until(fifteen Minutes)) 创建了一个具有 20 秒不活跃间隙和 15 分钟保留期的会话窗口。20 秒的不活跃时间意味着应用程序会包含距当前会话结束或开始时间 20 秒以内到达的任何记录。

然后，指定执行一个聚合操作——count 操作，本例是基于会话窗口之上的 count 操作。如果传入的记录落在不活跃间隙之外（在时间戳两边），应用程序将创建一个新的会话。保留期内维持指定时间的会话，允许在会话不活跃期之外延迟到达的数据依然可以被合并。此外，在合并会话时，新创建的会话将分别使用最早和最晚的时间戳作为新会话的开始和结束。

让我们浏览一下 count() 方法中的一些记录，来看看会话的作用，如表 5-1 所示。

表 5-1 不活跃间隙为 20 秒的会话表

到达顺序	键	时间戳
1	{123-345-654,FFBE}	00:00:00
2	{123-345-654,FFBE}	00:00:15
3	{123-345-654,FFBE}	00:00:50
4	{123-345-654,FFBE}	00:00:05

当记录到达时，在现有的会话中查找具有相同键的记录，查找范围为结束时间小于当前时间戳与不活跃间隙之差，起始时间大于当前时间戳与不活跃间隙之和的会话。考虑到这一点，对表 5-1 中的 4 条记录最终如何合并入一个单一的会话描述如下。

（1）记录 1 首次到达，因此会话的起始时间和结束时间都是 00:00:00[①]。

（2）当记录 2 到达时，查找最早结束时间为 23:59:55 以及最晚起始时间为 00:00:35 的会话[②]。查找到了记录 1，因此将会话 1 与会话 2 合并。保持会话 1 的起始时间（最早）和会话 2 的结束时间（最晚），得到一个起始时间为 00:00:00，结束时间为 00:00:15 的会话。

（3）当记录 3 到达时，查找介于 00:00:30 与 00:01:10 之间的会话，没有查找到任何会话。因此为键"123-345-654，FFBE"添加第 2 个会话，会话的起始时间和结束时间都是 00:00:50。

（4）当记录 4 到达时，查找介于 23:59:45 和 00:00:25 之间的会话。这次同时查找到了会话 1 和会话 2。将这 3 个会话合并成一个会话，该会话的起始时间是 00:00:00，结束时间为 00:00:15。

这一节有如下几个要点需要记住。

■　会话不是固定大小的窗口。更确切地说，会话的大小是由给定时间范围内的活动量（活跃度）决定的。

■　数据中的时间戳确定事件是否适合现有会话或落入不活跃间隙中。

下面将介绍翻转窗口。

5．翻转窗口

固定窗口或翻转窗口捕捉给定期间内的事件。假设你想每 20 秒捕捉一个公司所有的股票交易，因此需要收集该时间段内的每个事件。20 秒周期结束之后，窗口将"翻转"成新的 20 秒的观测期。图 5-14 展示了这种情况。

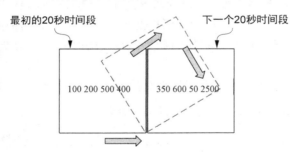

图 5-14　翻转窗口在一个固定时期后重置

正如所看到的，在过去 20 秒中传入的每个事件都被包含在窗口中。在指定的时间之后将创建一个新窗口。

代码清单 5-6 给出的是如何使用翻转窗口每 20 秒捕捉一次股票交易的实现代码（完整代码见 src/main/java/bbejeck/chapter_5/CountingWindowingAndKtableJoinExample.java）。

代码清单 5-6　使用翻转窗口汇总用户交易

```
KTable<Windowed<TransactionSummary>, Long> customerTransactionCounts =
  builder.stream(STOCK_TRANSACTIONS_TOPIC, Consumed.with(stringSerde,
                                                      transactionSerde)
.withOffsetResetPolicy(LATEST))
   .groupBy((noKey, transaction) -> TransactionSummary.from(transaction),
  Serialized.with(transactionKeySerde, transactionSerde))
    .windowedBy(TimeWindows.of(twentySeconds)).count();
```

指定一个 20 秒的翻转窗口

通过对调用 TimeWindows.of 做微小更改，就可以使用一个翻转窗口了。本示例没有调用 until()方法，如果没有指定窗口持续时间，那么默认的保留时间是 24 小时。

最后，我们将介绍窗口选项中的最后一个窗口——跳跃窗口。

6．滑动窗口或跳跃窗口

滑动窗口或跳跃窗口和翻转窗口相似，但还是有点区别。滑动窗口在启动另一个窗口处理最近事件之前不用等待整个窗口时间，它在等待比整个窗口的持续时间更短的间隔后执行新的计算。

为了说明跳跃窗口与翻转窗口的区别，我们重新定义股票交易汇总的例子。你依然想汇总成交量，但是并不想等待整个窗口期间再做更新。取而代之的是以一个较小的间隔进行更新。例如，你依然每 20 秒汇总一次成交量，但是每 5 秒更新一次，如图 5-15 所示，有 3 个数据窗口，但它们的数据有重叠。

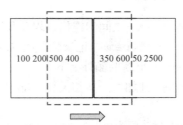

左边方框是第一个20秒窗口，但是在5秒之后该窗口"滑动"或更新为一个新窗口。现在你将看到事件的重叠。窗口1包含[100,200,500,400]，窗口2包含[500,400,350,600]，窗口3包含[350,600,50,2500]

图 5-15　滑动窗口更新频繁，有可能包括重叠数据

代码清单 5-7 展示了如何指定跳跃窗口（源代码见 sr/main/java/bbejeck/chapter_5/Counting WindowingAndKtableJoinExample.java）。

代码清单 5-7   使用跳跃窗口汇总用户交易

```
KTable<Windowed<TransactionSummary>, Long> customerTransactionCounts =
    builder.stream(STOCK_TRANSACTIONS_TOPIC, Consumed.with(stringSerde,
    transactionSerde)
    .withOffsetResetPolicy(LATEST))
    .groupBy((noKey, transaction) -> TransactionSummary.from(transaction),
    Serialized.with(transactionKeySerde, transactionSerde))
    .windowedBy(TimeWindows.of(twentySeconds))
    .advanceBy(fiveSeconds).until(fifteenMinutes)).count();  ◁── 使用20秒的跳跃窗口，
                                                                 每 5 秒前进一次
```

通过添加 advanceBy() 方法可以将翻转窗口转换为跳跃窗口。本示例指定保留时间为 15 分钟。

注意   你会注意到在呈现的所有窗口示例中，唯一更改的代码是 windowedBy 方法的调用。示例代码中没有编写 4 个几乎相同的类，而是在 src/main/java/bbejeck/chapter_5/CountingWindowingAndKtableJoin Example.java 文件中包含 4 个不同窗口操作的代码行。想要查看不同窗口操作的执行情况，可以注释掉当前窗口操作的代码，并取消对想要执行的窗口操作对应的代码行的注释。

现在，我们已经了解了如何将聚合结果放到时间窗口中，特别是，我希望大家记住本节中的 3 件事情。

- 会话窗口不是按时间固定的，而是由用户活动驱动的。
- 翻转窗口在指定时间范围内给你一组事件的图像。
- 跳跃窗口的长度是固定的，但是它们频繁被更新，同时每个窗口可以包括重叠的记录。

接下来，我们将研究如何将 KTable 转换回 KStream 来执行连接操作。

5.3.3   连接 KStream 和 KTable

第 4 章中我们讨论过两个 KStream 之间的连接，现在我们将介绍 KTable 与 KStream 之间的连接。这样做的原因很简单，KStream 是记录流，而 KTable 是记录更新流，但有时可能需要给记录流添加一些来自 KTable 更新的额外上下文。

让我们以汇总股票成交量为例，并加入一些相关行业部门的财经新闻。以下是使用现有代码实现的步骤。

（1）将股票交易汇总的 KTable 转换成一个 KStream，在 KStream 中将键更改为按股票代码汇总行业。

（2）创建一个从财经新闻主题读取消息的 KTable，新的 KTable 将按行业分类。

（3）按行业将新闻更新与股票交易汇总连接起来。

有了这些步骤，让我们看看如何完成这些任务。

1. 将 KTable 转换为 KStream

按以下步骤将 KTable 转换为 KStream。

（1）调用 KTable.toStream() 方法。

（2）调用 KStream.map 方法将键转换为行业名称，并从 Windowed 实例中抽取 Transaction Summary 对象。

这些步骤以代码清单 5-8 所示的方式链接在一起（完整代码见 /src/main/java/bbejeck/chapter_5/ CountingWindowingAndKtableJoinExample.java）。

代码清单 5-8　将 KTable 转化为 KStream

从 Windowed 实例中抽取 TransactionSummary 对象

调用 toStream 方法，紧接着调用 map 方法

```
KStream<String, TransactionSummary> countStream =
  customerTransactionCounts.toStream().map((window, count) -> {
    TransactionSummary transactionSummary = window.key();
    String newKey = transactionSummary.getIndustry();
    transactionSummary.setSummaryCount(count);
    return KeyValue.pair(newKey, transactionSummary);
});
```

将键设置为股票购买的行业板块

返回由新的键/值对构造的 KStream

从聚合中获取汇总值并将其放到 TransactionSummary 对象中

由于执行了 KStream.map 操作，因此当返回的 KStream 实例在连接操作中使用时将会自动进行重新分区。

现在已经完成了转换过程，下一步是创建 KTable 来读取财经新闻。

2. 创建财经新闻的 KTable

幸运的是，创建 KTable 只需一行代码，如代码清单 5-9 所示（完整代码见 src/main/java/ bbejeck/chapter_5/CountingWindowingAndKtableJoinExample.java）。

代码清单 5-9　财经新闻的 KTable

```
KTable<String, String> financialNews =
  builder.table( "financial-news", Consumed.with(EARLIEST));
```

创建一个以财经消息为主题，使用 EARLIEST 枚举的 KTable

这里值得注意的是：你不需要提供任何序列化与反序列化器，因为配置的是使用字符串序列化与反序列化器。另外，使用 EARLIEST 枚举策略，就会在启动时使用记录来构造表。

现在，我们进行最后一个步骤——创建连接。

3. 将新闻更新记录与交易汇总连接起来

建立连接非常简单，这里使用左连接，以防没有与参与交易的行业相关的财经新闻，如代码清单 5-10 所示（完整代码见 src/main/java/bbejeck/chapter_5/CountingWindowingAndKtableJoin Example.java）。

代码清单 5-10　建立 KStream 与 KTable 之间的连接

```
ValueJoiner<TransactionSummary, String, String> valueJoiner =
    (txnct, news) ->
    String.format("%d shares purchased %s related news [%s]",
    txnct.getSummaryCount(), txnct.getStockTicker(), news);

KStream<String,String> joined =
    countStream.leftJoin(financialNews, valueJoiner,
    Joined.with(stringSerde, transactionKeySerde, stringSerde));

joined.print(Printed.<String, String>toSysOut()
    .withLabel("Transactions and News"));
```

ValueJoiner 将连接结果的值组合起来

KStream 类型的 countStream 对象与 KTable 类型的财经新闻对象进行左连接的语句，通过 Joined 实例提供序列化与反序列化器

将结果打印到控制台（在生产环境应该通过调用 to（"主题名称"）写入一个主题中）

左连接的语句非常简单。不像第 4 章讲的连接操作，这里并不需要提供一个 JoinWindow，因为当执行 KStream 与 KTable 之间的连接时，KTable 中的每个键仅对应一条记录。连接和时间无关，记录要么在 KTable 中，要么不在 KTable 中，关键在于你可以使用 KTable 来提供较少更新的查找数据，以丰富 KStream 对等项。

接下来，我们将介绍一种更有效的方法来增加 KStream 事件。

5.3.4　GlobalKTable

我们已经确定了丰富事件流和对事件流添加上下文的需求。在第 4 章中，你也看到了两个 KStream 之间的连接，在 5.3.3 节也演示了 KStream 和 KTable 之间的一个连接。在所有这些连接中，当将键映射为一个新类型的键或值时，流都需要被重新分区。有时你想自己进行重新分区，而其他时候让 Kafka Streams 自动进行重新分区。重新分区是有道理的，因为键已经被更改，最终会出现在新的分区上，否则连接不会发生（在 4.2.4 节中已介绍过）。

1. 重新分区是有开销的

重新分区并不是无代价的，在这个过程中还有额外开销，例如创建中间主题，在另一个主题中存储重复数据，由于写入和读取另一个主题而增加的延迟。此外，如果你想在多于一个方面或维度上进行连接，你将需要连接链，使用新键映射记录，并重复重新分区过程。

2. 连接较小数据集

在某些情况下，你希望连接的查找数据可能相对较小，并且查找数据的整个副本可以在每个节点上本地匹配。对于查找数据相当小的情况，Kafka Streams 提供了 GlobalKTable。

GlobalKTable 是唯一的，因为应用程序将所有数据复制到每个节点。因为每个节点上都有完整的数据，所以事件流不需要按查找数据的键被分区，以便对所有分区都可用。GlobalKTable 还允许进行无键连接。让我们再来回顾一下之前的例子来说明此功能。

3. 用 GlobalKTable 连接 KStream

在 5.3.2 节中，对每个客户的股票交易进行了窗口聚合。聚合的输出如下：

```
{customerId='074-09-3705', stockTicker='GUTM'}, 17
{customerId='037-34-5184', stockTicker='CORK'}, 16
```

虽然这个输出完成了目标，但是如果能看到客户的名字和完整的公司名称，它将会更有意义。可以通过执行常规连接来填充客户和公司名称，但是需要对两个键进行映射和重新分区。使用 GlobalKTable 可以避免这些操作的消耗。为了实现该目的，使用代码清单 5-11 中的 countStream（完整代码见 src/main/java/bbejeck/chapter_5/GlobalKTableExample.java），并与两个 GlobalKTable 进行连接。

代码清单 5-11　使用会话窗口聚合股票交易

```
KStream<String, TransactionSummary> countStream =
➡ builder.stream(STOCK_TRANSACTIONS_TOPIC,
➡ Consumed.with(stringSerde, transactionSerde)
➡ .withOffsetResetPolicy(LATEST))
    .groupBy((noKey, transaction) ->
➡ TransactionSummary.from(transaction),
➡ Serialized.with(transactionSummarySerde, transactionSerde))
    .windowedBy(SessionWindows.with(twentySeconds)).count()
    .toStream().map(transactionMapper);
```

代码清单 5-11 所示的代码在前面已介绍过，这里不再赘述。但是请注意，出于可读性目的，toStream().map 函数中的代码被抽象为一个函数对象，而不是一个内嵌的 lambda 表达式。

下一步是定义两个 GlobalKTable 实例，如代码清单 5-12 所示（完整代码见 src/main/java/bbejeck/chapter_5/GlobalKTableExample.java）。

代码清单 5-12　定义两个 GlobalKTable 用于查找数据

```
GlobalKTable<String, String> publicCompanies =
➡ builder.globalTable(COMPANIES.topicName());
```
　　　　　　　　　　　　　　　　　　publicCompanies 查找用于按股票代码查找与之对应的公司

```
GlobalKTable<String, String> clients =
➥  builder.globalTable(CLIENTS.topicName());
```

clients 查找用于按客户 ID 获取客户姓名

注意代码清单 5-12 中的主题名称使用枚举定义。

现在各组件已经就绪，接下来就是构建连接，如代码清单 5-13 所示（完整代码见 src/main/java/bbejeck/chapter_5/GlobalKTableExample.java）。

代码清单 5-13 将一个 `KStream` 与两个 `GlobalKTable` 连接

建立与 publicCompanies 表的左连接，以股票代码作为键，返回添加了公司名称的 transactionSummary

```
countStream.leftJoin(publicCompanies, (key, txn) ->
➥  txn.getStockTicker(),TransactionSummary::withCompanyName)
    .leftJoin(clients, (key, txn) ->
➥  txn.getCustomerId(), TransactionSummary::withCustomerName)
    .print(Printed.<String, TransactionSummary>toSysOut()
➥  .withLabel("Resolved Transaction Summaries"));
```

将结果打印到控制台

建立与 clients 表的左连接，以客户 ID 作为键，返回添加了客户姓名的 transactionSummary

虽然代码清单 5-13 中有两个连接，但它们被链接在一起，因为并不需要单独使用其中的任何结果。在整个操作结束时打印结果。

如果运行代码清单 5-13 中的连接，将会得到如下的结果：

```
{customer='Barney, Smith' company="Exxon", transactions= 17}
```

从上述结果可知，描述的事实并没有改变，但这些结果对于阅读来说更加清晰。

从本章和第 4 章，我们已经了解了几种类型的连接操作，连接的几种类型如表 5-2 所示。表 5-2 表示的连接方式是基于 Kafka Streams 1.0.0 版本的，未来版本有可能会发生变化。

表 5-2 Kafka Streams 几种连接

左连接	内连接	外连接
KStream-KStream	KStream-KStream	KStream-KStream
KStream-KTable	KStream-KTable	未提供
KTable-KTable	KTable-KTable	KTable-KTable
KStream-GlobalKTable	KStream-GlobalKTable	未提供

总之，关键是要记住可以组合事件流（`KStream`）和更新流（`KTable`），使用本地状态。此外，当查找数据的大小可控制时，可以使用 `GlobalKTable`。`GlobalKTable` 将所有分区数据复制到 Kafka Streams 应用程序的每个节点上，这样无论键映射到哪个分区，所有数据都可用。

接下来，将介绍 Kafka Streams 的又一个功能，该功能使得可以观察到流状态的变化，而不必先从 Kafka 主题中消费数据。

5.3.5　可查询的状态

在前面章节已介绍了几个涉及状态的操作的示例，通常将结果打印到控制台（用于开发环境）或者写入 Kafka 主题（用于生产环境）。当将结果写入主题时，需要使用 Kafka 消费者来查看这些结果。

从这些主题中读取数据可以被视为物化视图的一种形式。对于本书而言，我们可以应用维基百科对物化视图的定义："一个包括查询结果的数据库对象。例如，可以是远程数据的本地副本，或者一张表的若干行/列数据或连接结果的子集，或者使用聚合函数得到的结果。"

Kafka Streams 也提供对状态存储的交互式查询，可以直接查阅这些物化视图。需要特别注意的是，查询状态存储是一个只读操作。查询为只读操作，这样就不必担心在应用程序还在处理数据时创建了一个不一致的状态。

使状态存储可以直接查询意义重大。这意味着你可以创建仪表板应用程序，而不必先从一个 Kafka 消费者中消费数据。同时，由于没有再次写入数据，效率也有所提高。

- 因为数据是本地的，所以可以快速访问。
- 数据不复制到外部存储，从而避免了数据重复[1]。

需要记住的主要内容是：可以直接从应用程序查询状态。我再怎么强调这个特性的强大都不为过。不再需要先从 Kafka 中消费数据，然后将记录存储到数据库中以提供给应用程序使用，而是直接对状态存储进行查询，就能达到同样的结果。对状态存储直接查询的影响是更少的代码（没有消费者）和更少的软件（不需要数据库表来存储结果）。

本章讲述了很多内容，对状态存储的交互式查询我们就讨论至此。但不用担心，在第 9 章中我们将会构建一个可以交互式查询的简单仪表板应用程序，该应用程序将使用本章和前面几章中的一些例子，演示交互式查询以及如何将交互式查询应用到 Kafka Streams 应用程序中。

5.4　小结

- KStream 代表事件流，类似于在数据库中插入记录。KTable 是更新流，更类似于对数据库的更新。KTable 并不会一直增长，因为新记录会替换旧记录。
- KTable 对于执行聚合操作非常重要。
- 可以通过开窗操作将要聚合的数据放到一个时间段里。
- GlobalKTable 使得可以在整个应用程序中查找数据，而不用考虑分区。
- 可以对 KStream、KTable 以及 GlobalKTable 执行连接操作。

---

① 更多细节参考 Eno Thereska 写的一篇文章 "Unifying Stream Processing and Interactive Queries in Apache Kafka"（在 Apache Kafka 中统一流式处理和交互式查询）。

　　到目前为止，我们专注在使用高阶 KStream DSL 来构建 Kafka Streams 应用程序。虽然高阶 DSL 方式提供了良好、简洁的程序，但任何事物都有利弊。使用 KStream DSL，获得了更简洁的代码却放弃了一定的控制权。在下一章，我们将介绍低阶处理器 API 并做出不同的权衡。虽然你没有获得至此所创建的应用程序的简洁性，但是获得了创建你需要的几乎任何类型的处理器的能力。

第 6 章　处理器 API

本书至此，我们一直在使用高阶 Kafka Streams API，它是允许开发者以最少代码创建健壮应用程序的 DSL。快速将处理拓扑进行组合的能力是 Kafka Streams DSL 的一个重要特性。它允许你快速迭代以充实使用数据的想法，而不必陷入一些其他框架可能需要的错综复杂的安装细节中。

但是在某些时候，即使使用最好的工具，也会遇到这样的情况：一个要求你偏离传统路线的问题。无论具体情况如何，你都需要一种方法来挖掘并编写一些代码，而这些代码用高阶抽象是实现不了的。

6.1　更高阶抽象与更多控制的权衡

更高阶抽象和获得更多控制权之间权衡的一个经典的例子是使用对象关系映射（ORM）框架。一个优秀的 ORM 框架会将域对象映射为数据库表，并在运行时创建正确的 SQL 查询语句。当使用一些简单到中等的 SQL 操作（简单的选择或连接语句）时，使用 ORM 框架会节省很多时间。但是不管 ORM 框架有多好，都不可避免地会有少量不能按你想要的方式实现的查询语句（非常复杂的连接，带有嵌套子查询语句的选择语句）。这时就需要编写原始的 SQL，从数据库中获取你需要的格式信息。在这里，你可以看到一个更高阶抽象与更多程序控制之间的权衡。通常，你可以将原始 SQL 与框架提供的高阶映射混合使用。

本章要介绍的是当想以 Kafka Streams DSL 不容易实现的方式进行流式处理的场景。例如，通过使用 KTable API 可以看出，框架控制向下游转发记录的时间。你可能发现在某些情况下想要在发送记录时自己进行显式控制。你可能正在追踪华尔街的交易，只想在股票越过特定价格阈值时才转发记录。为了获得这种类型的控制，可以使用处理器 API。虽然处理器 API 在开发方面缺乏易用性，但它在功能上弥补了这个不足。你可以编写自定义的处理器来完成你想做的几乎任何事情。

在本章中，你将了解如何使用处理器 API 对类似于以下的情景进行处理。

- 以有规律的间隔定期执行（基于记录中的时间戳或者时钟时间）。
- 完全控制记录何时向下游发送。
- 将记录转发到特定的子节点。
- 创建 Kafka Streams API 中不存在的功能（在构建组合处理器时，你会看到这样的示例）。

首先，让我们看看如何使用处理器 API 一步步地开发一个拓扑。

6.2 使用源、处理器和接收器创建一个拓扑

假如你是成功的啤酒厂（Pops Hops）的老板，该厂有好几个分厂。你最近扩展了业务，接受经销商的在线订单，包括对欧洲的国际销售。你想根据订单是国内的还是国际的在公司内分配订单，把所有欧洲的销售额从英镑或欧元转换成美元。

操作流程图如图 6-1 所示。在构建这个示例时，你将看到处理器 API 在转发记录时对于如何选择特定的子节点给予的灵活性。让我们从创建源节点开始。

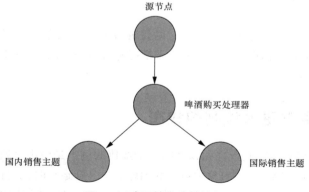

图 6-1 啤酒销售分销途经

6.2.1 添加一个源节点

构建拓扑的第一步是要建立其源节点。代码清单 6-1 所示的代码为新拓扑设置数据源（完整代码见/src/main/java/bbejeck/chapter_6/PopsHopsApplication.java）。

代码清单 6-1 创建啤酒应用程序的源节点

在 `topology.addSource()`方法中有几个参数在 DSL 中不会用到。首先是源节点名称，在使用 Kafka Streams DSL 时不需要传递名称，因为 `KStream` 实例会为节点生成一个名称。但是当你使用处理器 API 时，你需要提供节点在拓扑中的名称，节点名称用于将子节点连接到父节点。

然后，指定源使用的时间戳提取器。在 4.5.1 节，我们介绍了每个流的源可以使用的时间戳提取器。本例使用的是 `UserPreviousTimeOnInvalidTimestamp` 类，该应用程序所有其他的源将使用默认的 `FailOnInvalidTimestamp` 类。

接着，提供了键和值的反序列化器，这是与 Kafka Streams DSL 另一个不同的地方。在 DSL 中，当创建源节点或接收器节点时提供 `Serde` 实例，`Serde` 本身包括了序列化器与反序列化器，Kafka Streams DSL 会适当选取其中之一，这取决于是从对象到字节数组，还是从字节数组到对象。因为处理器 API 是低阶的抽象，所以在创建源节点时直接提供反序列化器，在创建接收器节点时直接提供序列化器。最后，提供了源主题的名称。

接下来，让我们看看如何处理传入应用程序的购买记录。

6.2.2 添加一个处理器节点

现在，将添加一个处理器来处理来自源节点的记录，如代码清单 6-2 所示（完整代码见 src/main/java/bbejeck/chapter_6/PopsHopsApplication.java）。

代码清单 6-2 添加一个处理器节点

```
BeerPurchaseProcessor beerProcessor =
    new BeerPurchaseProcessor(domesticSalesSink, internationalSalesSink);

topology.addSource(LATEST,
                   purchaseSourceNodeName,
                   new UsePreviousTimeOnInvalidTimestamp(),
                   stringDeserializer,
                   beerPurchaseDeserializer,
                   Topics.POPS_HOPS_PURCHASES.topicName())          处理器节点名称
        .addProcessor(purchaseProcessor,
```

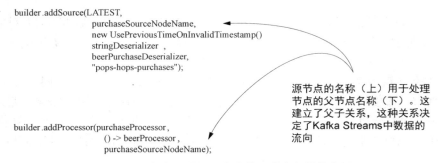

添加上面定义
的处理器

```
() -> beerProcessor,
purchaseSourceNodeName);
```

指定父节点或节点的名称

这段代码使用连贯接口模式来构建拓扑，与 Kafka Streams API 的不同之处在于返回类型。对于 Kafka Streams API 而言，对 KStream 运算符的每一次调用都返回一个新的 KStream 或 KTable 实例。在处理器 API 中，每次调用 Topology 都返回同一个 Topology 实例。

在第 2 个注释中，传入了一个在本实例代码的第一行实例化的处理器。topology.addProcessor 方法的第二个参数接受一个 ProcessorSupplier 接口的实例，但是由于 ProcessorSupplier 是一个单方法接口，因此可以使用 lambda 表达式替换它。

本节的关键点是 addProcessor()方法的第三个参数 purchaseSourceNodeName，该参数与 addSource()方法的第二个参数是同一个对象，这就建立了节点间的父子关系，如图 6-2 所示。相应地，父子关系又决定了在一个 Kafka Streams 应用程序中记录如何从一个处理器移动到下一个处理器。图 6-3 回顾了目前为止所构建的内容。

```
builder.addSource(LATEST,
            purchaseSourceNodeName,
            new UsePreviousTimeOnInvalidTimestamp()
            stringDeserializer ,
            beerPurchaseDeserializer,
            "pops-hops-purchases");
```

源节点的名称（上）用于处理节点的父节点名称（下）。这建立了父子关系，这种关系决定了Kafka Streams中数据的流向

```
builder.addProcessor(purchaseProcessor,
            () -> beerProcessor ,
            purchaseSourceNodeName);
```

图 6-2　在处理器 API 中连接父节点与子节点

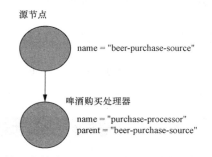

源节点

name = "beer-purchase-source"

啤酒购买处理器

name = "purchase-processor"
parent = "beer-purchase-source"

图 6-3　目前为止的处理器 API 拓扑，包括节点名和父节点名

让我们来讨论一下代码清单 6-1 中创建的 BeerPurchaseProcessor 处理器，该处理器有两个职责。

■ 将国际销售额（以欧元为单位）换算成美元。
■ 根据销售的来源（国内或国际），将记录路由到相应的接收器节点。

这些职责都是在 process() 方法中实现的，快速将该方法的处理逻辑总结如下。

（1）检查货币类型，如果不是美元，则将其转换成美元。

（2）如果不是国内的销售，则将更新记录转发到 international-sales 主题中。

（3）否则，直接将记录转发到 domestic-sales 主题中。

代码清单 6-3 给出的是该处理器的代码（完整代码见 src/main/java/bbejeck/chapter_6/processor/BearPurchaseProcessor.java）。

代码清单 6-3 BeerPurchaseProcessor

```
public class BeerPurchaseProcessor extends
➡ AbstractProcessor<String, BeerPurchase> {

    private String domesticSalesNode;              ┐ 为记录要被转
    private String internationalSalesNode;         │ 发到的不同节
                                                   │ 点设置名称
    public BeerPurchaseProcessor(String domesticSalesNode,
                                 String internationalSalesNode) {
        this.domesticSalesNode = domesticSalesNode;
        this.internationalSalesNode = internationalSalesNode;
    }

    @Override
    public void process(String key, BeerPurchase beerPurchase) {   ← process()方法实现
                                                                      的地方
        Currency transactionCurrency = beerPurchase.getCurrency();

        if (transactionCurrency != DOLLARS) {
            BeerPurchase dollarBeerPurchase;
            BeerPurchase.Builder builder =
➡ BeerPurchase.newBuilder(beerPurchase);
            double internationalSaleAmount = beerPurchase.getTotalSale();
            String pattern = "###.##";
            DecimalFormat decimalFormat = new DecimalFormat(pattern);
            builder.currency(DOLLARS);
            builder.totalSale(Double.parseDouble(decimalFormat.        ┐ 将国际销售额
➡ format(transactionCurrency                                          │ 转换为美元
➡ .convertToDollars(internationalSaleAmount)))); ←
            dollarBeerPurchase = builder.build();
            context().forward(key,
➡ dollarBeerPurchase, internationalSalesNode); ←
        } else {
            context().forward(key, beerPurchase, domesticSalesNode);
        }                        使用 ProcesorContext（由 context()方法返回
    }                            的对象），并将记录转发到国际销售子节点
};
┌
│ 将国内销售的记录发
送到国内销售子节点
```

本示例扩展了 AbstractProcessor 类,该类覆盖了 Processor 接口方法中除 process()
方法之外的其他方法。Processor.process() 方法就是当记录流经拓扑时执行操作的地方。

注意　Processor 接口提供了 init()、process()、punctuate() 和 close()方法。
Processor 是流式应用程序中对记录进行任何逻辑处理的主要驱动。在示例中, 大多会使用
AbstractProcessor 类,因此只需要覆盖该类中你所需要的方法。AbstractProcessor 类实
例化了 ProcessorContext,因此如果你不需要在类中做其他设置的话,那么就不必重写 init()
方法。

代码清单 6-3 中最后几行代码展示了本示例的要点——将记录转发到特定子节点的能力。代
码中的 context()方法为本处理器检索 ProcessorContext 对象的一个引用。一个拓扑中的
所有处理器都通过 init()方法接收 ProcessorContext 的一个引用,当实例化拓扑时
StreamTask 会执行此方法。

现在你已经掌握了如何处理记录,下一步是连接一个接收器节点（主题）,以便将记录写回
到 Kafka。

6.2.3　增加一个接收器节点

现在,你可能已经对使用处理器 API 的流程有了很好的感觉。使用 addSource 添加一个源,
通过 addProcessor 增加一个处理器。因此可以想象一下, 使用 addSink()方法将接收器节点
（主题）连接到处理器节点。图 6-4 展示了更新后的拓扑。

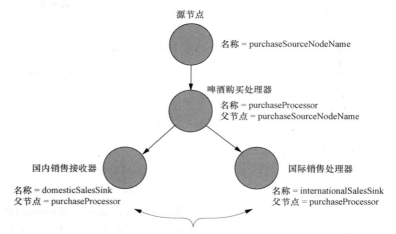

图 6-4　通过增加接收器节点完成拓扑

现在可以在代码中增加接收器节点来更新正在构建的拓扑,如代码清单 6-4 所示（完整代码

见 src/main/java/bbejeck/chapter_6/PopsHopsApplication.java)。

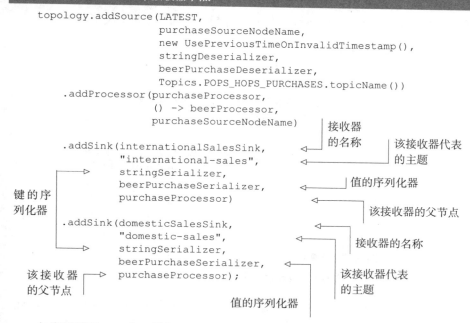

代码清单 6-4　增加一个接收器节点

```
topology.addSource(LATEST,
                   purchaseSourceNodeName,
                   new UsePreviousTimeOnInvalidTimestamp(),
                   stringDeserializer,
                   beerPurchaseDeserializer,
                   Topics.POPS_HOPS_PURCHASES.topicName())
        .addProcessor(purchaseProcessor,
                      () -> beerProcessor,
                      purchaseSourceNodeName)

        .addSink(internationalSalesSink,
                 "international-sales",
                 stringSerializer,
                 beerPurchaseSerializer,
                 purchaseProcessor)

        .addSink(domesticSalesSink,
                 "domestic-sales",
                 stringSerializer,
                 beerPurchaseSerializer,
                 purchaseProcessor);
```

在代码清单 6-4 中，增加了两个接收器节点，一个用于美元，另一个用于欧元。根据交易的货币类型，将记录写入相应的主题中。

在增加两个接收器节点时需要重点注意的是两者具有相同的父节点名称。通过向两个接收器节点提供相同的父节点名称，就可以将它们连接到处理器（如图 6-4 所示）。

在第一个示例中，已经看到了如何将拓扑连接在一起，并将记录发送到特定的子节点。尽管处理器 API 比 Kafka Streams API 要稍微复杂一点，但是依然很容易构建拓扑。下一个示例将探索处理器 API 提供的更多灵活性操作。

6.3　通过股票分析处理器深入研究处理器 API

现在回到金融界，戴上日间交易员的帽子。作为一名交易员，为了挑选买卖的最佳时机，你要分析股票价格是如何变化的，目标是利用市场的波动快速获利。我们将考虑几个关键指标，希望它们提示你应该在什么时候采取行动。

下面是需求列表。
- 显示股票的当前价值。
- 指出每股价格的趋势是上涨还是下跌。

- 目前为止的股票交易总量以及其趋势是上升还是下降。
- 只向下游发送股票价格趋势显示为 2%（上升或下降比例）的记录。
- 在执行任何计算之前，收集给定股票的至少 20 个样本。

让我们来看看如何手动处理这个分析。图 6-5 展示了你想创建的用于帮助决策的决策树。

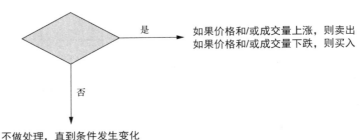

股票XXYY的现状

股票代码：XXYY；每股价格：10.79美元；总交易量：5 123 987

在过去的X次交易中，股票价格或成交量上涨/
下跌比例超过2%了吗？

是 → 如果价格和/或成交量上涨，则卖出
如果价格和/或成交量下跌，则买入

否 → 不做处理，直到条件发生变化

图 6-5　股票趋势更新

你需要执行一些计算来进行分析。此外，将使用这些计算的结果来决定是否及何时应该将记录转发给下游。

对发送记录的这种限制意味着不能依赖提交时间或缓存刷新的标准机制来处理流，这就排除了使用 Kafka Streams API 的可能性。不用说你也需要状态，这样就可以随时追踪变化。你所需要的是具有编写自定义处理器的能力。现在就让我们看看这个问题的解决方案。

仅用于演示目的

我很确定这是不言而喻的，但我还是要说明一个显而易见的事实：这些股票价格的评估仅用于演示的目的。请不要从这个例子中推断出任何真正的市场预测能力。这个模型与现实生活中的方法没有任何相似之处，仅表示演示一种更加复杂的处理情况。我当然不是一个短线操盘手！

6.3.1　股票表现处理器应用程序

代码清单 6-5 给出的是关于股票表现应用程序的拓扑（完整代码见 src/main/java/bbejeck/chapter_6/StockPrformanceApplication.java）。

代码清单 6-5　使用自定义处理器的股票表现应用程序

```
Topology topology = new Topology();
String stocksStateStore = "stock-performance-store";
double differentialThreshold = 0.02;
```

设置转发股票信息的百分比差值

```
KeyValueBytesStoreSupplier storeSupplier =
    Stores.inMemoryKeyValueStore(stocksStateStore);
StoreBuilder<KeyValueStore<String, StockPerformance>> storeBuilder
    = Stores.keyValueStoreBuilder(
    storeSupplier, Serdes.String(), stockPerformanceSerde);
topology.addSource("stocks-source",
                   stringDeserializer,
                   stockTransactionDeserializer,
                   "stock-transactions")
        .addProcessor("stocks-processor",
    () -> new StockPerformanceProcessor(
    stocksStateStore, differentialThreshold), "stocks-source")
        .addStateStore(storeBuilder,"stocks-processor")
        .addSink("stocks-sink",
                 "stock-performance",
                 stringSerializer,
                 stockPerformanceSerializer,
                 "stocks-processor");
```

创建一个基于内存的键/值状态存储

创建放置在拓扑中的 StoreBuilder

将处理器添加到拓扑中

将状态存储添加到股票处理器中

添加一个将结果写出的接收器，尽管你也可以使用一个有打印功能的接收器

此拓扑与前面示例具有相同的流程，因此我们仅关注处理器中的新特性。在前面的示例中，不需要做任何设置操作，而是依赖 AbstractProcessor.init 方法来初始化 Processor Context 对象。然而，在本示例中，需要使用状态存储，而且也想定时发送记录，而不是在每次接收到消息时就进行转发。

让我们先看一下处理器中的 init()方法，如代码清单 6-6 所示（完整代码见 src/main/java/bbejeck/chapter_6/processor/StockPerformanceProcessr.java）。

代码清单 6-6 init()方法的任务

```
@Override
public void init(ProcessorContext processorContext) {
    super.init(processorContext);
    keyValueStore =
    (KeyValueStore) context().getStateStore(stateStoreName);
    StockPerformancePunctuator punctuator =
    new StockPerformancePunctuator(differentialThreshold,
                                   context(),
                                   keyValueStore);
    context().schedule(10000, PunctuationType.WALL_CLOCK_TIME,
    punctuator);
    }
}
```

通过 AbstractProcessor 超类初始化 Processor Context 对象

检索在构建拓扑时创建的状态存储

初始化 Punctuator 用于处理定时任务

每10秒定时调用 Punctuator.punctuate() 方法

首先需要使用 ProcessorContext 初始化 AbstractProcessor，因此调用超类的 init()方法。接下来，获取在构建拓扑时所创建的对状态存储的一个引用。这里需要做的就是将状态存储设置给一个变量，以便稍后在处理器中使用。代码清单 6-5 也引入了一个 Punctuator

接口，它是一个用于定时执行处理器逻辑的回调接口，不过处理逻辑被封装在 `Punctuator.punctuate` 方法。

> **提示**　`ProcessorContext.shedule(long, PunctuationType, Punctuator)` 方法返回一个 `Cancellable` 类型的对象，该对象允许你取消一个 Punctuation 和管理更高级的场景，像 "Punctuate Use Cases"（Punctuate 使用案例）中所讨论的，这里我们就不再给出示例或对此进行讨论了，但在源代码 src/main/java/bbejeck/chapter_6/cancellation 中提供了一些示例。

代码清单 6-6 最后一行代码，使用 `ProcessorContext` 每 10 秒定时执行 `Punctuator`。`ProcessorContext.schedule` 方法的第二个参数 `PunctuationType.WALL_CLOCK_TIME`，用来指定你想基于 `WALL_COCK_TIME` 每 10 秒调用一次 `Punctuator.punctuate` 方法。该参数另外一个选项指定为 `PunctuationType.STREAM_TIME`，这意味着 `Punctuator.punctuate` 方法依然是每 10 秒执行一次，但是由数据中的时间戳来驱动。我们来讨论一下 `PunctuationType` 枚举定义的两种时间类型的区别。

Punctuation 的语义

让我们从 `STREAM_TIME` 开始讨论 Punctuation 的语义，因为它需要更多的解释。图 6-6 说明了流时间的概念。让我们通过一些细节来深入了解调度计划是如何确定的（注意，Kafka Streams 内部的一些细节没有显示）。

（1）`StreamTask` 从分区组（`PartitionGroup`）中提取最小时间戳。分区组是一个给定流线程（`StreamThread`）的一个分区集合，它包含组中所有分区的时间戳信息。

（2）在处理记录过程中，流线程迭代其 `StreamTask` 对象，且每个任务最后都会为每个符合 Punctuation 条件的处理器调用 `punctuate` 操作。回想一下，在检查每支个股表现之前至少要收集 20 笔交易。

（3）如果自上一次 `punctuate` 执行的时间戳（加上预定的时间）小于或等于从分区组中提取的时间戳，那么 Kafka Streams 就会调用处理器的 `punctuate()` 方法。

这里的关键点是应用程序通过时间戳提取器推进时间戳，因此只有数据以恒定的速率到达时，`punctuate()` 方法调用才是一致的。如果数据流是断断续续的，那么 `punctuate()` 方法将不会在定期调度的时间间隔内执行。

另一方面，使用 `PunctuationType.WALL_CLOCK_TIME`，`Punctuator.punctuate` 方法的执行就更容易预测，因为它使用的是时钟时间。注意，系统时间语义是尽力而为的服务——在轮询间隔中时钟时间提前，间隔尺寸取决于完成轮询周期所需的时间。因此，如代码清单 6-6 所示，你可以预期 punctuation 操作接近每 10 秒执行一次，而不管数据的活跃度。

使用哪种方式完全取决于你的需求。如果你需要定期执行一些操作，而不管数据流如何，那么使用系统时间可能是最好的选择。另一方面，如果你只需对传入的数据执行一些计算操作，并且可以接受执行之间的延迟时间,那么可以尝试流时间语义。

在下面的两个分区中,字母表示记录,数字表示时间戳。在这个例子中,
我们假设punctuate方法每5秒运行一次

分区A

A:1
B:2
E:5
F:6

分区B

C:3
D:4
G:10

因为分区A具有最小的时间戳,因此需先被选中
1) 用记录A调用的进程
2) 用记录B调用的进程

现在分区B有最小的时间戳
3) 用记录C调用的进程
4) 用记录D调用的进程

切回到分区A,因为该分区又有最小的时间戳
5) 用记录E调用的进程
6) 因为时间戳经过了5秒所以punctuate方法被调用
7) 用记录F调用的进程

最后又切回到分区B
8) 用记录G调用的进程
9) 根据时间戳,当超过5秒时再次调用punctuate方法

图 6-6 使用 STREAM_TIME 调度 Punctuation

注意 Kafka 0.11.0 之前的版本,punctuation 操作包括 ProcessorContext.shedule(long time)方法,该方法在预定的时间间隔内轮流调用 Processor.punctuate 方法。这种方法只适用于流时间语义,现在这两种方法都已被弃用。在本书中我提到了已被弃用的方法,但在示例中只使用最新的 punctuation 方法。

现在,已经介绍了调度和 punctuation 操作,接下来我们继续介绍对传入记录的处理。

6.3.2 process()方法

process()方法是执行所有计算用来评估股票表现的地方。当收到一条记录时,需要执行以下步骤。

(1)检查状态存储,查看是否有与记录中的股票代码对应的 StockPerformance 对象。

(2)如果状态存储中不存在对应的 StockPerformance 对象,则创建一个新对象。然后该对象的实例加入当前股票价格和股票成交量,并更新相应的计算。

（3）一旦对任何给定的股票进行了 20 次交易，就开始执行计算。

虽然金融分析超出了本书的范围，但我们应该花一点时间看看计算方法。对于股票价格和成交量，我们将执行一个简单移动平均（SMA）。在金融交易领域，SMA 经常被用于计算大小为 N 的数据集的平均值。

对于本例，我们设置 N 为 20。设置一个最大值意味着当新交易进来时将会收集前 20 笔交易的股票价格和成交量。一旦达到阈值，就将最旧的值移除掉，并添加最新值。使用 SMA，你可以得到过去 20 笔交易的股票价格和成交量的移动平均值。需要重点注意的是没有必要在每次新记录进来时都重新计算总额。

图 6-7 提供了 process() 方法的一个高级演示，说明了如果你手动执行这些步骤时，你将做些什么。process() 方法是你执行所有计算的地方。

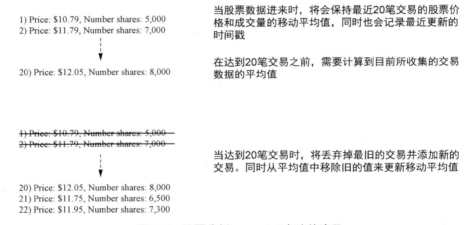

1) Price: $10.79, Number shares: 5,000
2) Price: $11.79, Number shares: 7,000

20) Price: $12.05, Number shares: 8,000

当股票数据进来时，将会保持最近20笔交易的股票价格和成交量的移动平均值，同时也会记录最近更新的时间戳

在达到20笔交易之前，需要计算到目前所收集的交易数据的平均值

~~1) Price: $10.79, Number shares: 5,000~~
~~2) Price: $11.79, Number shares: 7,000~~

20) Price: $12.05, Number shares: 8,000
21) Price: $11.75, Number shares: 6,500
22) Price: $11.95, Number shares: 7,300

当达到20笔交易时，将丢弃掉最旧的交易并添加新的交易。同时从平均值中移除旧的值来更新移动平均值

图 6-7　股票分析 process() 方法的演示

下面让我们来看看组成 process() 方法的代码，如代码清单 6-7 所示（完整代码见 src/main/java/bbejeck/chapter_6/processor/StockPerformanceProcessor.java）。

代码清单 6-7　process() 实现

```
@Override
public void process(String symbol, StockTransaction transaction) {
    StockPerformance stockPerformance = keyValueStore.get(symbol);

    if (stockPerformance == null) {
        stockPerformance = new StockPerformance();
    }

    stockPerformance.updatePriceStats(transaction.getSharePrice());
```

检索先前的股票表现统计数据，有可能为空

如果在状态存储中不存在，就创建一个新 StockPerformance 对象

更新股票的价格统计数据

```
        stockPerformance.updateVolumeStats(transaction.getShares());   ◁──  更新股票的成
        stockPerformance.setLastUpdateSent(Instant.now());                   交量统计数据

        keyValueStore.put(symbol, stockPerformance);       ◁──  将更新后的 Stock
    }                                                            Performance 对象
  设置最近更新的时间戳                                              放入状态存储中
```

在 process() 方法中，从交易记录中获取最新的股票价格和成交量，并将它们添加到
StockPerformance 对象中。请注意，如何执行更新的所有细节都被抽象在 StockPerformance
对象中，将大部分业务逻辑放在处理器之外是一个好想法，在第 8 章讨论测试时会介绍这
一点。

本例涉及两个关键计算：确定移动平均值和计算股票价格/成交量与当前平均值的差值。在
没有收集到 20 笔交易之前不会计算平均值，因此可以延迟执行任何操作直到处理器收到 20 笔交
易。当有一只股票达到 20 笔交易数据时，计算出第一个平均值。然后，取股票当前价格或者股
票成交量，除以移动平均值，并将结果转换为百分比。

> **注意**　如果想看计算相关的内容，StockPerformance 的完整代码见 src/main/java/bejeck/model/
> StockPerformance.java。

在代码清单 6-3 处理器的示例中，一旦使用了 process() 方法，就会将记录转发到下游。
在本示例中，将最终结果存储在状态存储中，并将记录的转发留给 Punctuator.punctuate
方法处理。

6.3.3　punctuator 执行

我们已经讨论了 punctuation 语义和定时计划，现在让我们直接跳转到 Punctuator.
punctuate 方法的代码中，如代码清单 6-8 所示（完整代码见 src/main/java/bejeck/chapter_6/
processor/punctuator/StockPerformancePunctuator.java）。

代码清单 6-8　Punctuation 代码

```java
@Override
public void punctuate(long timestamp) {
    KeyValueIterator<String, StockPerformance> performanceIterator =
⇨ keyValueStore.all();                                    ◁──  检索迭代器以遍
                                                                历状态存储中的
    while (performanceIterator.hasNext()) {                     所有键值
        KeyValue<String, StockPerformance> keyValue =
⇨ performanceIterator.next();
        String key = keyValue.key;
        StockPerformance stockPerformance = keyValue.value;

        if (stockPerformance != null) {
            if (stockPerformance.priceDifferential()
```

```
  >= differentialThreshold ||
               stockPerformance.volumeDifferential()
  >= differentialThreshold) {
               context.forward(key, stockPerformance);
           }
       }
   }
}
```

检查当前股
票的阈值

如果达到或
超过阈值,则
转发记录

Punctuator.punctuate 方法的过程很简单：迭代状态存储中的键/值对,如果值超过了预定义的阈值,则将记录转发到下游。

这里需要记住一个重要的概念,在依赖提交组合或缓存刷新来转发记录之前,需要定义一些用于记录转发时的术语。此外,即使你期待这段代码每 10 秒执行一次,也不能保证会向下游发送记录,要向下游转发,这些记录必须达到阈值。同时需要注意的是 Processor.process 方法和 Punctuator.punctuate 方法不能同时被调用。

注意 尽管我们现在演示的是如何访问一个状态存储,但是现在也是回顾 **Kafka Streams** 的体系结构和一些要点的好时机。每个 StreamTask 都有各自的本地状态存储的一个副本,流线程对象之间不会共享任务或数据。当记录通过拓扑时,以深度优先的方式访问每个节点,这就意味着从不会对来自任何给定处理器的状态存储进行并发访问。

这个例子为你编写自定义处理器提供了极好的引导,但是你可以通过添加新的数据结构和当前 API 中不存在的全新方式的聚合数据来进一步编写自定义的处理器。带着这种想法,我们将继续添加一个组合处理器。

6.4 组合处理器

在第 4 章中,我们讨论过两个流之间的连接。具体来说,我们在给定时间范围内连接了不同部门的交易数据,以促进公司的业务发展。可以使用连接操作将具有相同键并且在同一个时间窗口到达的记录聚合在一起。使用连接操作,有一个隐含的从流 A 到流 B 的一对一记录映射操作,图 6-8 描述了这种关系。

现在,假设你想做一个类似的分析,但不是按键使用一对一连接,而是使用由共同键关联的两个数据集合,即一个数据组合。假设你是一个很受欢迎的日间在线交易应用程序的经理,日间交易员一天要使用该应用程序好几个小时,有时整个交易市场开放时间都在使用。应用程序跟踪的指标之一是事件的意图。你已将事件定义为用户点击股票代码以阅读更多关于公司及其财务前景的信息。你想对应用程序中这些用户点击信息及用户购买股票之间的关系进行更深入的分析。你想得到一些粗粒度的结果,通过比较多次点击与购买以确定一些总体模式。你所需要的是一个元组,该元组包括按公司交易代码划分的每个事件类型的两个集合,如图 6-9 所示。

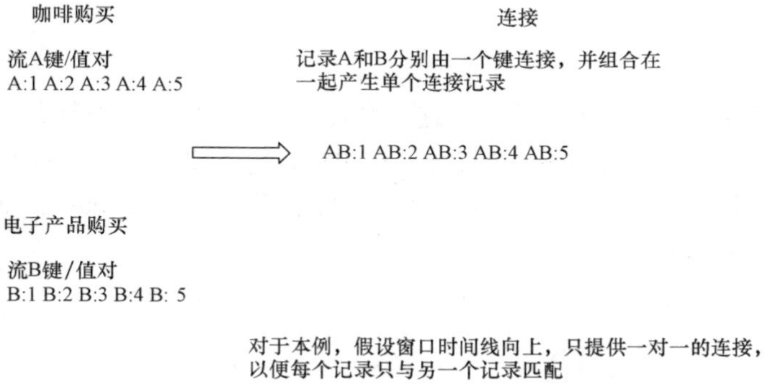

咖啡购买 连接

流A键/值对 记录A和B分别由一个键连接,并组合在
A:1 A:2 A:3 A:4 A:5 一起产生单个连接记录

⟹ AB:1 AB:2 AB:3 AB:4 AB:5

电子产品购买

流B键/值对
B:1 B:2 B:3 B:4 B: 5

对于本例,假设窗口时间线向上,只提供一对一的连接,
以便每个记录只与另一个记录匹配

图 6-8 使用共同键将记录 A 和 B 关联起来

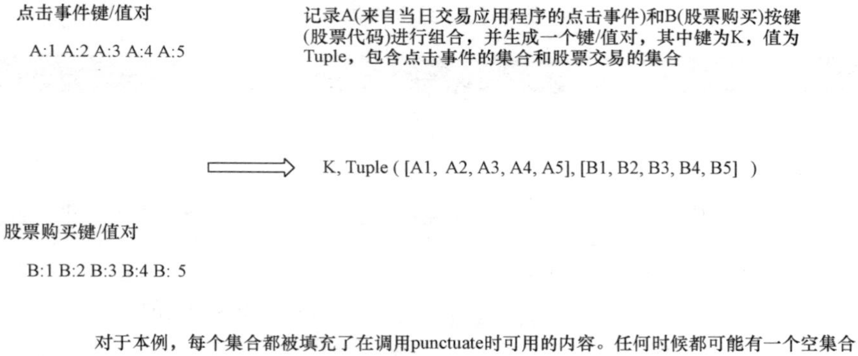

点击事件键/值对 记录A(来自当日交易应用程序的点击事件)和B(股票购买)按键
A:1 A:2 A:3 A:4 A:5 (股票代码)进行组合,并生成一个键/值对,其中键为K,值为
Tuple,包含点击事件的集合和股票交易的集合

⟹ K, Tuple ([A1, A2, A3, A4, A5], [B1, B2, B3, B4, B5])

股票购买键/值对

B:1 B:2 B:3 B:4 B: 5

对于本例,每个集合都被填充了在调用punctuate时可用的内容。任何时候都可能有一个空集合

图 6-9 由一个键对应由两个集合的数据构成的元组的输出——一个组合结果

你的目标是将给定公司的点击事件的快照和股票交易的快照结合在一起,每 *N* 秒执行一次,但无须等待来自任何一条流的记录到达。当达到指定时间时,你需要按公司股票代码对点击事件和股票交易进行组合。如果其中一个类型的事件不存在,那么元组中与之对应的集合为空。如果你熟悉 Apache Spark 或者 Apache Flink,这个功能分别类似于 PairRDDFunctions.cogroup 方法和 CoGroupDataSet 类。下面将介绍构建这个处理器所采取的步骤。

构建组合处理器

要创建组合处理器,你需要将一些片段连接在一起。

(1)定义两个主题(stock-transactions 和 events)。
(2)增加两个从第 1 步定义的两个主题消费数据的处理器。
(3)增加第 3 个处理器用于对先前两个处理器进行聚合或组合操作。
(4)为第 3 步添加的聚合处理器增加一个状态存储,用于追踪两个事件的状态。
(5)增加一个接收器节点用于将结果输出(也可以增加一个打印处理器将结果打印到控制台)。
现在,让我们通过以上步骤将这些处理器组装到一起。

1.　定义源节点

对第一步创建源节点大家都很熟悉了，这一次我们需要创建两个源节点，用来支持读取点击事件流和股票交易事件流。为了跟踪我们在拓扑中的位置，我们构建图 6-10 所示的两个节点。创建这两个节点的代码如代码清单 6-9 所示（完整代码见 src/main/java/bbejeck/chapter_6/CoGrouping Application.java）。

图 6-10　组合的源节点

代码清单 6-9　用于组合处理器的源节点

```
//I've left out configuration and (de)serializer creation for clarity.

topology.addSource("Txn-Source",
                    stringDeserializer,
                    stockTransactionDeserializer,
                    "stock-transactions")
          .addSource("Events-Source",
                    stringDeserializer,
                    clickEventDeserializer,
                    "events");
```

主题 stock-transactions 对应的源节点

主题 events 对应的源节点

拓扑的源已准备就绪，现在让我们进入下一步。

2.　增加处理器节点

现在将添加拓扑的主力——处理器。图 6-11 展示了已更新的拓扑图。

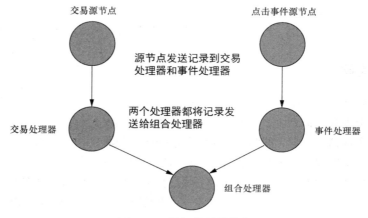

图 6-11　添加处理器节点

代码清单 6-10 给出的是添加这些新处理器的代码（完整代码见 src/main/java/bbejeck/chapter_6/CoGroupingApplication.java）。

代码清单 6-10　处理器节点

```
.addProcessor("Txn-Processor",                    添加股票交易处理器
              StockTransactionProcessor::new,    （StockTransactionProcessor）
              "Txn-Source")

.addProcessor("Events-Processor",                 添加点击事件处理器
              ClickEventProcessor::new,          （ClickEventProcessor）
              "Events-Source")

.addProcessor("CoGrouping-Processor",             添加组合处理器（CogroupingProcessor），该处
              CogroupingProcessor::new,          理器是以上两个步骤添加的处理器的子节点
              "Txn-Processor",
              "Events-Processor")
```

在前两行代码中，父名称分别是从 `stock-transactions` 和 `events` 主题读取消息的源节点的名称。第 3 个处理器同时拥有作为父节点的两个处理器的名称，这意味着两个处理器都将为聚合处理器提供消息。

对 `ProcessorSupplier` 实例化依然使用 Java 8 的简写方式。这一次使用方法句柄来进行实例化更加缩短了格式。在本示例，调用构造函数来创建一个关联的处理器。

> **提示**　在 Java 8 中对于无参数单方法的接口，可以使用 lambda 表达式以 `()->`相应处理格式来实现相应逻辑。但是由于 `ProcessorSupplier` 的唯一角色就是返回一个 Processor 对象（可能每次都创建一个新对象），因此可以对 Processor 类型的构造方法使用方法句柄来进一步缩短代码格式。注意，这只适合对无参数的构造方法。

让我们看一下为什么以这种方式构建处理器。本示例是一个聚合操作，股票交易处理器和点击事件处理器的角色是将它们各自的对象封装成更小的聚合对象，然后转发到另一个处理器进行总体聚合。股票交易处理器和点击事件处理器都执行较小的聚合，并将它们的结果转发到组合处理器。组合处理器执行组合操作，并定期（由时间戳驱动的间隔）将结果转发给输出主题。

代码清单 6-11 展示了处理器的代码（完整代码见 src/main/java/bbejeck/chapter_6/processor/cogrouping/StockTransactionProcessor.java）。

代码清单 6-11　股票交易处理器

```
public class StockTransactionProcessor extends
➥ AbstractProcessor<String, StockTransaction> {

    @Override
    @SuppressWarnings("unchecked")
    public void init(ProcessorContext context) {
```

```
        super.init(context);
    }

    @Override
    public void process(String key, StockTransaction value) {
        if (key != null) {
            Tuple<ClickEvent, StockTransaction> tuple =
    Tuple.of(null, value);
            context().forward(key, tuple);
        }
    }
}
```

使用 StockTransaction
创建一个聚合对象

将元组转发给
组合处理器

正如你所看到的，股票交易处理器将 StockTransaction 对象添加到聚合器（元组）中，并转发记录。

注意　代码清单 6-11 中的 Tuple<L, R>是一个自定义的对象用于本书示例。完整代码见 src/main/java/ bbejeck/util/collection/Tuple.java。

现在，再看一下点击事件处理器的代码，如代码清单 6-12 所示（完整代码见 src/main/java/bbejeck/chapter_6/processor/cogrouping/ClickEventProcessor.java）。

代码清单 6-12　点击事件处理器

```
public class ClickEventProcessor extends
    AbstractProcessor<String, ClickEvent> {

    @Override
    @SuppressWarnings("unchecked")
    public void init(ProcessorContext context) {
        super.init(context);
    }

    @Override
    public void process(String key, ClickEvent clickEvent) {
        if (key != null) {
            Tuple<ClickEvent, StockTransaction> tuple =
    Tuple.of(clickEvent, null);
            context().forward(key, tuple);
        }
    }
}
```

将 ClickEvent 对
象添加到初始的
聚合器对象中

将元组转发给
组合处理器

正如所看到的，点击事件处理器将 ClickEvent 对象添加到 Tuple 聚合器中，与之前代码清单中的代码逻辑很像。

为了聚合操作拓扑图的完整性，我们需要看一下组合处理器的代码。该处理器逻辑更复杂，所以我们依次介绍每个方法，先从 CogroupingProcessor.init()方法开始，如代码清单 6-13 所示（完整代码见 src/main/java/bbejeck/chapter_6/processor/cogrouping/AggregatingProcesssor.java）。

代码清单 6-13　组合处理器的 `init()` 方法

```
public class CogroupingProcessor extends
➡ AbstractProcessor<String, Tuple<ClickEvent, StockTransaction>> {

    private KeyValueStore<String,
➡ Tuple<List<ClickEvent>, List<StockTransaction>>> tupleStore;
    public static final String TUPLE_STORE_NAME = "tupleCoGroupStore";

    @Override
    @SuppressWarnings("unchecked")
    public void init(ProcessorContext context) {
        super.init(context);
        tupleStore = (KeyValueStore)
➡ context().getStateStore(TUPLE_STORE_NAME);
        CogroupingPunctuator punctuator =
➡ new CogroupingPunctuator(tupleStore, context());
        context().schedule(15000L, STREAM_TIME, punctuator);
    }
```

检索已配置的
状态存储

创建一个 Punctuator 实例
CogroupingPunctuator，它
负责处理所有的定时调用

每 15 秒定时调用 Punctuator.punctuate()方法

正如你所期望的那样，`init()` 方法处理类初始化设置的细节，获取在主应用程序中配置的状态存储，并将其保存到一个变量中以供稍后使用，以及创建 CogroupingPunctuator 用来处理预定的 punctuation 调用。

Punctuator 的方法句柄

为 Punctuator 实例指定一个方法句柄。为此，在处理器中声明一个方法，该方法接受一个 `long` 型的单个参数，并返回 `void` 类型。那么，punctuation 定时计划类似如下代码：

```
context().schedule(15000L, STREAM_TIME, this::myPunctuationMethod);
```

该方法的示例见代码 src/main/java/bbejeck/chapter_6/processor/congrouping/CogroupingMethodHandleProcessor.java。

代码清单 6-13 计划每 15 秒调用一次 punctuate 方法。因为使用的是 PunctuationType.STREAM_TIME 语义，所以到达数据中的时间戳会驱动对 punctuate 方法的调用。请记住，如果数据流不是以相对恒定的速率流入，那么对 Punctuator.punctuate 方法的调用间隔将会超过 15 秒。

提示　你应该还记得在前面对 punctuate 语义讨论时，提到有两种时间类型选择，即 PunctuateType.STREAM_TIME 和 PunctuationType.WALL_CLOCK_TIME。代码清单 6-13 使用的是 STREAM_TIME 语义。有一个额外的处理器示例展示了 WALL_CLOCK_TIME 语义，完整代码见 src/main/java/bbejeck/chapter_6/processor/congrouping/CogroupingSystemTimeProcessor.java。因此你可以观察这两个时间类型在性能和运行上的不同之处。

接下来，让我们来看一下组合处理器如何在 `process()` 方法中执行它的一个主要任务，如代码清单 6-14 所示（完整代码见 src/main/java/bbejeck/chapter_6/processor/cogrouping/CogroupingProcessor.java）。

代码清单 6-14　组合处理器的 `process()` 方法

```
@Override
public void process(String key,
Tuple<ClickEvent, StockTransaction> value) {

    Tuple<List<ClickEvent>, List<StockTransaction>> cogroupedTuple
= tupleStore.get(key);
    if (cogroupedTuple == null) {
        cogroupedTuple =
Tuple.of(new ArrayList<>(), new ArrayList<>());        ← 如果总体聚合不存
    }                                                         在，则进行初始化

    if (value._1 != null) {
        cogroupedTuple._1.add(value._1);              ← 如果 ClickEvent 对象不为空，
    }                                                    则将其添加到点击事件列表中
    if (value._2 != null) {
        cogroupedTuple._2.add(value._2);              ← 如果 StockTransaction 对象不
    }                                                    为空，则将其添加到股票交易列表中

    tupleStore.put(key, cogroupedTuple);        ← 将更新后的聚合放置
    }                                              到状态存储中
}
```

当处理传入的总体组合的较小聚合对象时，首先检查状态存储中是否已经有一个聚合实例。如果不存在，那么就会创建一个包括 ClickEvent 对象和 StockTransaction 对象的空集合的元组。

接下来，检查传入的较小聚合对象，如果 ClickEvent 对象或 StockTransaction 对象中的任何一个存在，则将其添加到总体聚合中。`process()` 方法的最后一步是更新聚合，并将元组放回到状态存储中。

> **注意**　虽然有两个处理器将记录转发给一个处理器，并访问一个状态存储，但你不必担心并发问题。请记住，父处理器以深度优先方式将记录转发到子处理器，因此每个父处理器是串行调用子处理器的。此外，Kafka Streams 对每个任务仅使用一个线程，因此也不会存在任何并发访问问的问题。

下一步是看 punctuation 是如何处理的，如代码清单 6-15 所示（完整代码见 src/main/java/bbejeck/chapter_6/processor/cogrouping/CogroupingPunctuator.java）。本书使用的是更新后的 API，因此不再介绍 `Processor.punctuate` 方法调用，因为该方法已被弃用。

代码清单 6-15　`CogroupingPunctuator.punctuate()` 方法

```
// leaving out class declaration and constructor for clarity
```

```
@Override
public void punctuate(long timestamp) {
  KeyValueIterator<String, Tuple<List<ClickEvent>,
  List<StockTransaction>>> iterator = tupleStore.all();

  while (iterator.hasNext()) {
  KeyValue<String, Tuple<List<ClickEvent>, List<StockTransaction>>>
  cogrouping = iterator.next();

    // if either list contains values forward results
    if (cogrouping.value != null &&
  (!cogrouping.value._1.isEmpty() ||
  !cogrouping.value._2.isEmpty())) {
      List<ClickEvent> clickEvents =
  new ArrayList<>(cogrouping.value._1);
      List<StockTransaction> stockTransactions =
  new ArrayList<>(cogrouping.value._2);
      context.forward(cogrouping.key,
  Tuple.of(clickEvents, stockTransactions));
          cogrouped.value._1.clear();
          cogrouped.value._2.clear();
          tupleStore.put(cogrouped.key, cogrouped.value);
    }
  }
  iterator.close();
}
```

- 获取状态存储中所有组合的迭代器
- 检索下一个组合
- 确保值不为空，并且两个集合都包括数据
- 创建组合集合的防御性副本
- 转发键和聚合的组合
- 将清空后的元组放回到状态存储

在每次 punctuate 调用期间，将检索在 KeyValueIterator 中存储的所有记录，并开始提取出迭代器中每个组合结果。然后，创建集合的防御性副本，创建一个新的共组元组，并将其转发到下游。在本例，将组合结果发送给一个接收器节点。最后，移除当前的组合结果，并将元组存回到状态存储中，准备迎接下一轮记录的到来。

我们已经介绍了组合功能，现在让我们完成拓扑的构建。

3．添加状态存储

如你所见，在 Kafka 流式应用程序中执行聚合的能力需要具有状态。需要为组合处理器增加一个状态存储以使其正常工作。图 6-12 展示了更新后的拓扑。

现在，看一下增加状态存储的代码，如代码清单 6-16 所示（完整代码见 src/main/java/bbejeck/chapter_6/CogroupingApplication.java）。

代码清单 6-16　添加状态存储节点

指定保存记录的时长，并使用压缩和删除的清理策略

```
// this comes earlier in source code, included here for context
Map<String, String> changeLogConfigs = new HashMap<>();
changeLogConfigs.put("retention.ms","120000" );
changeLogConfigs.put("cleanup.policy", "compact,delete");
```

```
KeyValueBytesStoreSupplier storeSupplier =
    Stores.persistentKeyValueStore(TUPLE_STORE_NAME);
StoreBuilder<KeyValueStore<String,
    Tuple<List<ClickEvent>, List<StockTransaction>>>> storeBuilder =
    Stores.keyValueStoreBuilder(storeSupplier,
                                Serdes.String(),
                                eventPerformanceTuple)
    .withLoggingEnabled(changeLogConfigs);

    .addStateStore(storeBuilder, "CoGrouping-Processor");①
```

为一个持久的存储（RocksDB）
创建存储供应者

创建存储
构建器

将存储添加到拓扑中，
并指定将要访问该存储
的处理器名称

将变更日志的配置添加到
存储构建器中

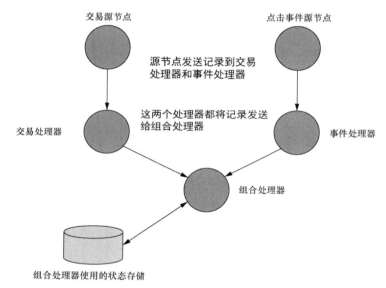

图 6-12　为拓扑中的组合处理器增加一个状态存储

　　代码清单 6-16 中添加了一个持久的状态存储，之所以是持久的存储，是因为你可能对一些键很少进行更新。对于基于内存和最近最少使用算法（LRU）的存储，不常使用的键和值可能最终会被删除。但是对于本示例，你需要能够检索任何以前使用过的键的信息。

　　提示　代码清单 6-16 中的前 3 行代码为状态存储创建了特定的配置，以使变更日志的大小保持可管理。请记住，你可以使用任何有效的主题配置来配置变更日志主题。

　　这段代码很简单，但需要注意一点：组合处理器被指定为唯一可以访问这个状态存储

---

① 这里截取的是代码片段，完整的代码是 topology. addStateStore(storeBuilder, "CoGrouping-Processor");。
　——译者注

的处理器。

现在，完成拓扑还剩下最后一步：能够读取组合的结果。

4. 添加接收器节点

若要使用组合拓扑，则需要将数据写入主题（或者控制台），现在让我们再一次更新拓扑，如图 6-13 所示。

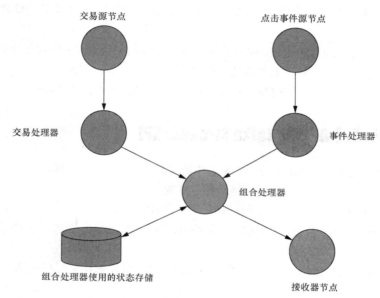

图 6-13　添加接收器节点以完成组合拓扑

注意　在好几个示例当中，我们都提到了添加一个接收器节点，然而在源代码中使用的是写入控制台的接收器节点，将写入主题的接收器节点的代码注释掉了。出于开发的目的，我使用接收器节点交替地写入一个主题和标准输出

现在，将组合的聚合结果写入一个主题以便用于进一步分析。代码清单 6-17 给出的是实现代码（完整代码见 src/main/java/bbejeck/chapter_6/CoGroupingApplication.java）。

代码清单 6-17　接收器节点和打印处理器

```
.addSink("Tuple-Sink",
         "cogrouped-results",
         stringSerializer,
         tupleSerializer,
         "CoGrouping-Processor");
```

接收器节点将组合的元组写入一个主题中

```
topology.addProcessor("Print",
                      new KStreamPrinter("Co-Grouping"),
                      "CoGrouping-Processor");
```
该处理器在开发期间将
结果打印到标准输出

　　最后一个步骤是在该拓扑中添加一个接收器节点，该节点作为组合处理器的子节点，将组合处理器处理结果写入一个主题当中。代码清单 6-17 中同时也增加了一个用于在开发期间将结果打印到控制台的处理器，它也是组合处理器的子节点。记住，在使用处理器 API 时，定义节点的顺序不会建立一个父子关系，父子关系是通过提供先前定义的处理器的名称来确定的。

　　现在已完成组合处理器的构建，我希望你在本节记住的关键点是：尽管使用处理器 API 会涉及更多的代码，但是你可以灵活地创建几乎任何你想要创建的流拓扑。

　　本章最后，我们来看一下如何将处理器 API 的一些功能集成到 KStreams 应用程序中。

6.5　集成处理器 API 和 Kafka Streams API

　　到目前为止，我们对 Kafka Streams API 和处理器 API 是分开介绍的，但并不是说不能将这两者结合起来应用。为什么不混合使用这两种方式呢？

　　假设你使用 KStream API 和处理器 API 有一段时间了，你开始喜欢 KStream 方式，但是你希望在 KStream 应用程序中包含先前定义的处理器，因为它们提供了一些你所需要的低级别控制。

　　Kafka Streams API 提供 3 种方法允许使用处理器 API 来构建插件功能，这 3 种方法是 KStream.process、KStream.transform 和 KStream.transformValues。我们对这种方式已经有了一些经验，因为在 4.2.2 节中用过 ValueTransformer。

　　KStream.process 方法创建一个终节点，而 KStream.transform（或 KStream.transformValues）方法返回一个新的 KStream 实例，允许继续向与之对应的节点添加处理器。还要注意，转换方法是有状态的，因此在使用它们时需要提供一个状态存储名称。由于 KStream.process 方法创建的是一个终节点，因此通常会使用 KStream.transform 或者 KStream.transformValues 方法。

　　从这个角度来讲，可以使用一个 Transformer 实例来替换 Processor，这两个接口的主要区别在于：Processor 的主要操作方法是 process()，该方法返回的是 void 类型，而 Transformer 使用的是 transform() 方法，该方法返回一个 R 类型。二者提供相同的 punctuation 语义。

　　在大多数情况下，替换一个 Processor 就是将逻辑从 Processor.process 方法中拿出来放到 Transformer.transform 方法中。需要考虑的是返回值，返回空值并通过 ProcessorContext.forward 方法转发结果是其中的一种选择。

提示　转换器返回一个值：对于本示例，它返回一个空值，该返回值会被过滤掉。可以使用 `ProcessorContext.forward` 方法向下游发送多个值。如果想返回多个值，那么最好返回一个 List<KeyValue<K, V>>，然后通过 `flatMap` 或 `flatMapValues` 向下游发送单条记录。有一个这样的例子，完整代码见 src/main/java/bbejeck/chapter_6/StockPerformanceStreamsAndProcessorMultipleValuesApplication.java。要完成 `Processor` 实例的替换，最好使用 `KStream.transform` 方法或 `KStream.transformValues` 方法插入 Transformer（或者 ValueTransformer）实例。

KStream API 和处理器 API 结合的一个很好例子的源代码见 src/main/java/bbejeck/chapter_6/StockPerformanceStreamsAndProcessorApplication.java。在这里就不展示这个例子了，因为逻辑在很大程度上与 6.3.1 节的 `StockPerformanceApplication` 示例相同，如果有兴趣的话可以查看一下。此外，你可以找到一个处理器 API 版本的原始 ZMart 应用程序，完整代码见 src/main/java/bbejeck/chapter_6/ZMartProcessorApp.java。

6.6　小结

- 处理器 API 以更多代码为代价，提供了更多的灵活性。
- 尽管处理器 API 比 Kafka Streams API 要复杂，但仍然易于使用。而 Kafka Streams API 底层正是使用的处理器 API。
- 在面对选择哪一种 API 时，考虑使用 Kafka Streams API，在需要的时候集成低级别的方法（`process()`、`transform()` 和 `transformValues()`）。

本书到这里已经介绍了如何使用 Kafka Streams 构建应用程序。接下来我们将看看如何优化这些应用程序的配置，监控它们以获得最高性能并发现潜在的问题。

第三部分

管理 Kafka Streams

在这几章中，我们将把重点转移到如何衡量 Kafka Streams 应用程序的性能。另外，读者将学会如何监控和测试 Kafka Streams 应用程序代码，这样就知道它们是否正在按照预期工作，并可以很好地处理错误。

第 7 章　监控和性能

本章主要内容

■　了解 Kafka 基本监控。

■　拦截消息。

■　测评性能。

■　观察应用程序的状态。

到目前为止，我们已经学习了如何自上而下地构建 Kafka Streams 应用程序，使用高级别的 Kafka Streams DSL，并且看到了使用声明式 API 的强大功能。还了解了处理器 API，并知道了在编写流式应用程序时如何放弃一些便利来获得更多的控制权。

现在是时候改变一下了，你要戴上你的法庭调查员的帽子，并从不同角度深入研究你的应用程序。你的注意力将从如何让事情运行起来转移到现在正在发生什么事情上来。在某些方面，应用程序的初始构建是最轻松的部分，让应用程序成功地运行、正确地扩展和正确地工作始终是更有意义的挑战。虽然你尽了最大的努力，但总有一些情况是你没有考虑到的。

在本章中，你将了解如何检查 Kafka Streams 应用程序的运行状态，将会看到如何测评应用程序的性能以便于发现性能瓶颈。还会看到用于通知应用程序各种状态和查看拓扑结构的技术，了解可用的度量指标，如何采集这些指标，以及在程序正在运行时如何观察采集的指标。现在，让我们从监控 Kafka Streams 应用程序开始。

7.1　Kafka 基本监控

由于 Kafka Streams API 是 Kafka 的一部分，因此不言而喻，监控 Kafka Streams 应用程序也需要对 Kafka 进行一些监控。全面监控 Kafka 集群是一个大话题，因此我们将对 Kafka 性能的讨论限制在两个方面，讨论对 Kafka 消费者和生产者相关的监控。关于监控 Kafka 集群的更多信息可以在 Kafka 官方文档中找到。

注意　这里要注意的一点是：对 Kafka Streams 性能的测评，也需要对 Kafka 自身性能进行测评。有时，对性能的一些介绍有可能偏向于 Kafka，但是由于这是一本关于 Kafka Streams 的书，因此我们将重点关注 Kafka Streams。

7.1.1　测评消费者和生产者性能

对于消费者和生产者性能的讨论，让我们从图 7-1 开始，它描绘了生产者和消费者基本性能关注点之一。正如所看到的，生产者和消费者的性能非常相似，因为两者都与吞吐量有关。但是我们的重点放在二者的不同之处，以致可以把它们看成是同一个硬币的两面。

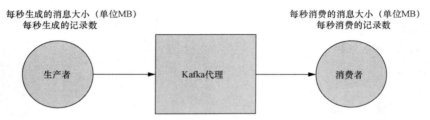

图 7-1　**Kafka** 生产者向代理写消息的性能及消费者从代理读取消息的性能

对于生产者，我们关注的是如何快速向代理发送消息，显然，吞吐量越高越好。

对于消费者，我们也关注其性能，换句话说关注消费者如何能快速从代理读取消息。但是这里有另外一种测评消费者性能的方法——消费滞后。如图 7-2 所示，对生产者和消费者吞吐量的关注点略有不同。

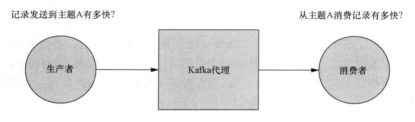

消费者是否跟上了生产者生产记录的速度？

图 7-2　生产者和消费者性能回顾

可以看到，我们关心生产者向代理发送消息的量有多大、速度有多快，同时也关心消费者从代理读取消息的速度有多快。生产者在代理放置消息的速度与消费者何时从代理读到这些消息之间的差异称为消费滞后（consumer lag）。

图 7-3 说明了消费滞后是消费者上一次提交的偏移量与生产者写入代理的最新消息的偏移量之间的差异。消费者肯定会有一些滞后，但理想情况下，消费者会赶上消息生产的速度，或者至

少滞后速率一致，而不是滞后逐渐增加。

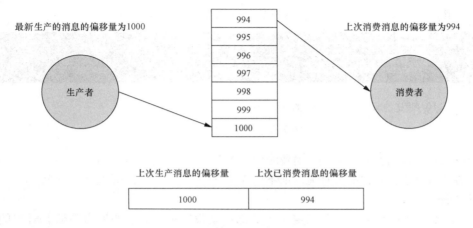

图 7-3　消费滞后是消费者提交的偏移量与生产者写入的偏移量之间的差异

现在我们已经为生产者和消费者定义了性能参数，让我们看看如何监控它们的性能以及与故障排除相关的问题。

7.1.2　检查消费滞后

为了检查消费滞后，Kafka 提供了一个方便的命令行工具 `kafka-consumer-groups.sh`，该工具位于 Kafka 安装路径下的 bin 目录中。该脚本有几个参数选项，但这里我们关注的是 `list` 和 `describe` 选项。这两个选项将会提供所需要的关于消费者组性能的信息。

首先，通过 `list` 命令找出所有活跃的消费者组，图 7-4 展示了运行该命令的结果。

```
<kafka-install-dir>;/bin/kafka-consumer-groups.sh \
            --bootstrap-server localhost:9092 \
            --list
```

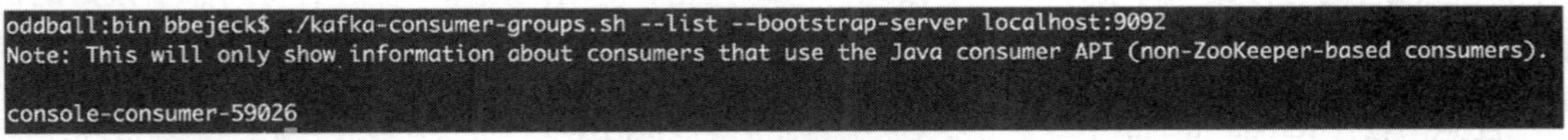

```
oddball:bin bbejeck$ ./kafka-consumer-groups.sh --list --bootstrap-server localhost:9092
Note: This will only show information about consumers that use the Java consumer API (non-ZooKeeper-based consumers).

console-consumer-59026
```

图 7-4　从命令行列出可用的消费者组

有了这些信息，就可以选择一个消费者组名并运行以下命令：

```
<kafka-install-dir>;/bin/kafka-consumer-groups.sh \
            --bootstrap-server localhost:9092 \
            --group <GROUP-NAME>; \
            --describe
```

图 7-5 展示了结果：消费者如何执行的状态。

读取的消息数为3   向主题发送的消息数为10

10（发送的消息）－ 3（读取的消息）＝ 7（滞后，或者记录落后）

图 7-5 消费者组的状态

图 7-5 展示了该消费者组有点儿消费滞后。消费滞后并不总是表示有问题——消费者批量读取消息，在当前批次消息没有处理完之前不会检索下一批消息。处理消息需要时间，因此有一点滞后并不奇怪。

有一点滞后或者保持在一个恒定速率的滞后就没问题，但是如果出现随着时间的推移，滞后也持续增长的现象就表明需要给消费者更多的资源。例如，你可能需要增加分区数，从而增加从主题消费的线程数。或者有可能读取消息后的处理逻辑太繁重了。在消费了消息之后，你可以将其移到一个异步队列中，然后由另一个线程从异步队列中获取该消息并做处理。

在本节中，你已经了解了如何判定消费者从代理读取消息的速度。接下来，我们将更深入地观察用于调试目的的行为——你将会看到在 Kafka Streams 应用程序发送或消费记录之前如何拦截生产者发送的消息和消费者接收的消息。

7.1.3 拦截生产者和消费者

2016 年初，Kafka 改进建议 42（KIP-42）引入了监控或"拦截"客户端（消费者或生产者）行为信息的能力。该 KIP 的目标是提供"能够快速部署工具来观察、测量和监控 Kafka 客户端的行为，直至消息级别"[①]。

尽管拦截器通常并不是调试的首选，但是它们被证明在观察 Kafka 流式应用程序的行为时很有用，并且它们对你的工具箱来说一个很有价值的补充。使用拦截器（生产者）的一个很好的例子是使用拦截器跟踪 Kafka Streams 应用程序生成消息写回 Kafka 的消息偏移量。

注意 因为 Kafka Streams 可以消费和生产任何数量键和值的类型，所以内部的消费者和生产者被配置为使用 byte[] 类型的键和值。因此，内部的消费者和生产者总是处理未序列化的数据。序列化的数据意味着不能在没有额外的反序列化/序列化步骤的情况下查看消息。

让我们从讨论消费者拦截器开始。

---

① Apache Kafka，"KIP-42"：增加生产者和消费者拦截器。

1.消费者拦截器

消费者拦截器提供了两个拦截的访问点。第一个是 `ConsumerInterceptor.onConsume` 方法，该方法读取的 `ConsumerRecords` 介于消费者从代理检索到消息之后和从 `Consumer.poll()` 方法返回消息之前。下面的伪代码将给你一个消费者拦截器在哪里工作的思路。

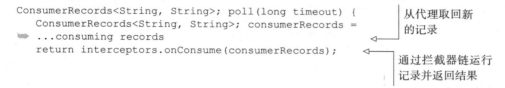

```
ConsumerRecords<String, String>; poll(long timeout) {
  ConsumerRecords<String, String>; consumerRecords =
...consuming records
  return interceptors.onConsume(consumerRecords);
```

从代理取回新的记录

通过拦截器链运行记录并返回结果

虽然这段伪代码与实际的 `KafkaConsumer` 代码没有任何相似之处，但它表明了消费者拦截器拦截的点。拦截器接受由 `Consumer.poll()` 方法内部的代理返回的 `ConsumerRecords` 对象，在 `KafkaConsumer` 将记录由 `poll` 方法返回之前有机会执行任何操作，包括过滤或修改操作。

`ConsumerInterceptor` 通过 `ConsumerConfig.INTERCEPTOR_CLASSES_CONFIG` 被指定为一个具有一个或多个 `ConsumerInterceptor` 实现类的集合。多个拦截器被链接在一起，并按照配置中指定的顺序执行。

一个 `ConsumerInterceptor` 接受并返回一个 `ConsumerRecords` 实例。如果有多个拦截器，那么从一个拦截器返回的 `ConsumerRecords` 作为链中下一个拦截器的输入参数。因此，一个拦截器所做的任何修改都会被传递给链中的下一个拦截器。

当多个拦截器链接在一起时，异常处理是一个重要的考虑因素。如果一个拦截器中发生异常，它会记录错误，但不会导致拦截器链短路。因此，`ConsumerRecords` 继续按其工作方式依次通过剩下的拦截器。

例如，假设有 3 个拦截器 A、B 和 C，这 3 个拦截器均会对记录进行修改，并且后一个拦截器的修改依赖于链中前一个拦截器做的更改。但是如果拦截器 A 发生了错误，`ConsumerRecords` 对象继续传递给 B 和 C，但是由于没有得到预期的修改，那么从拦截器链中呈现的结果无效。由于这个原因，最好不要让拦截器链中后一个拦截器对 `ConsumerRecords` 的修改依赖于前一个拦截器。

第二个拦截点是 `ConsumerInterceptor.onCommit()` 方法。在消费者将其消费偏移量提交给代理之后，代理会返回一个 `Map<TopicPartition, OffsetAndMetadata>` 类型的对象，包括主题、分区和提交的偏移量以及相关联的元数据信息（提交时间等）。消费偏移量的提交信息可以用于跟踪的目的。代码清单 7-1 给出的是一个用于记录日志的简单的 `ConsumerInterceptor` 的示例（完整代码见 **src/main/java/bbejeck/chapter_7/interceptors/Stock TransactionConsumerInterceptor.java**）。

代码清单 7-1　日志记录消费者拦截器

```
public class StockTransactionConsumerInterceptor implements
    ConsumerInterceptor<Object, Object>; {

    // some details left out for clarity
    private static final Logger LOG =
    LoggerFactory.getLogger(StockTransactionConsumerInterceptor.class);

    public StockTransactionConsumerInterceptor() {
        LOG.info("Built StockTransactionConsumerInterceptor");
    }

    @Override
    public ConsumerRecords<Object, Object>;
    (ConsumerRecords<Object, Object>; consumerRecords) {
        LOG.info("Intercepted ConsumerRecords {}",
                buildMessage(consumerRecords.iterator()));
        return consumerRecords;
    }

    @Override
    public void onCommit(Map<TopicPartition, OffsetAndMetadata>; map) {
        LOG.info("Commit information {}", map);
    }
}
```

在记录被处理前记录所消费的记录和元数据信息

一旦 Kafka Streams 消费者向代理提交了偏移量，就会记录提交的信息

现在，我们来介绍生产者方面的拦截。

2. 生产者拦截器

生产者拦截器的工作原理与消费者类似，有两个访问点，即 ProducerInterceptor.onSend() 和 ProducerInterceptor.onAcknowledgement()方法。对于 onSend 方法，拦截器可以执行任何操作，包括改变 ProducerRecord。在拦截器链中的每一个拦截器接收前一个拦截器返回的对象。

异常处理与消费者端相同，因此同样的注意事项在这里也适用。当代理确认收到记录时，会调用 ProducerInterceptor.onAcknowledgement()方法，当发送记录失败时，onAcknowledgement 方法也会被调用。

代码清单 7-2 给出的是一个记录日志的简单的 ProducerInterceptor 的示例(完整代码见 src/main/ java/bbejeck/chapter_7/interceptors/ZMartProducerInterceptor.java)。

代码清单 7-2　日志记录生产者拦截器

```
public class ZMartProducerInterceptor implements
    ProducerInterceptor<Object, Object>; {
    // some details left out for clarity
```

```
private static final Logger LOG =
➡ LoggerFactory.getLogger(ZMartProducerInterceptor.class);

@Override
public ProducerRecord<Object, Object>; onSend(ProducerRecord<Object,
➡ Object>; record) {
    LOG.info("ProducerRecord being sent out {} ", record);
    return record;
}

@Override
public void onAcknowledgement(RecordMetadata metadata,Exception exception) {
    if (exception != null) {
        LOG.warn("Exception encountered producing record {}", exception);
    } else {
      LOG.info("record has been acknowledged {} ", metadata);
    }
}
```

在消息发送到代理之前进行日志记录

记录代理确认或在生产消息阶段是否发生错误（代理端）

生产者拦截器通过 `ProducerConfig.INTERCEPTOR_CLASS_CONFIG` 指定，获取一个或多个 `ProducerInterceptor` 类构成的集合。

> **提示**　当在 Kafka Streams 应用程序中对拦截器进行配置时，需要分别通过 `props.put (StreamsConfig.consumerPrefix(ConsumerConfig.INTERCEPTOR_CLASSES_CONFIG)` 和 `StreamsConfig.producerPrefix(ProducerConfig.INTERCEPTOR_CLASSES_CONFIG)` 来指定消费者和生产者拦截器的属性名称前缀。

若想看拦截器实战示例，可以查看源代码 src/main/java/bbejeck/chapter_7/StockPerformance StreamsAndProcessorMetricsApplication.java 类，该类使用消费者拦截器，以及源代码 src/main/java/ bbejeck/chapter_7/ZMartKafkaStreamsAdvancedReqsMetricsApp.java，该类使用生产者拦截器。这两个类都包含了使用拦截器所需的配置。

附注一点，由于拦截器作用于 Kafka Streams 应用程序的每条记录，因此拦截器的日志输出就很有意义。拦截器的结果输出到 consumer_interceptor.log 和 producer_interceptor.log 文件，这两个文件位于源代码根路径下的 logs 目录。

我们花了一些时间来介绍消费者性能的指标，以及如何对写入或输出 Kafka Streams 应用程序的记录进行拦截。但是这些信息是粗粒度的，并且位于 Kafka Streams 应用程序之外。现在，让我们深入 Kafka Streams 应用程序内部，看看底层发生了什么。下一步将通过收集指标来测评拓扑内部的性能。

7.2　应用程序指标

当提到衡量应用程序的性能时，你可以大致了解处理一条记录需要多长时间，测量端到端延迟无疑是一个好的总体性能指标。但如果你想提升性能，你就需要精确知道在哪里变慢了。

　　性能测量对流式应用程序是至关重要的。一个简单的事实是，当使用流式应用程序时意味着当数据或信息可用时就需要立即被处理。很显然，如果你的业务需要使用流解决方案，那么你肯定希望获得最高效和正确的流式处理。

　　在介绍我们关注的实际指标之前，先让我们回顾一下第 3 章中构建的高级 ZMart 应用程序，该程序是指标跟踪的一个很好示例，因为它包括了好几个处理节点，所以本示例我们将使用这个应用程序对应的拓扑。图 7-6 展示了创建的拓扑。

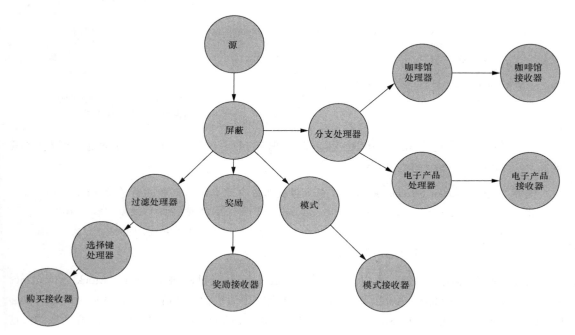

图 7-6　拥有多个节点的 ZMart 高级应用程序拓扑

记住 ZMart 拓扑，让我们看一看指标的类别。

- 线程指标
  - 提交、轮询和处理操作的平均时间；
  - 每秒创建的任务数，以及每秒关闭的任务数。
- 任务指标
  - 每秒提交任务的平均数；
  - 平均提交时间。
- 处理器节点指标
  - 平均以及最大处理时间；
  - 每秒处理操作的平均数；
  - 转发速率。

■　状态存储指标：
- put、get 和 flush 操作的平均执行时间；
- 平均每秒执行 put、get 和 flush 操作数。

注意，这并不是可用指标的详尽列表，之所以选择这些指标，是因为它们很好地覆盖了最常见的性能场景。可以在 Confluent 网站上找到完整的指标列表。

现在已经有了要测量的内容，接下来让我们看看如何捕获这些信息。

7.2.1　指标配置

Kafka Streams 已经提供了收集性能指标的机制，在大多数据情况下，你只需要提供一些配置值。由于指标的集合会带来性能成本，因此有两个级别的指标配置，即 INFO 和 DEBUG。单个指标本身可能代价并不大，但是当考虑到某些指标可能会涉及流经 Kafka Streams 应用程序的每条记录，你可以想象一下这样累加的结果对性能的影响就会比较大了。

指标级别类似于日志级别。当排查某个问题或者观察应用程序的行为时，你需要更多的信息，因此可以使用 DEBUG 级别。其他时候，当不需要所有信息时，就可以使用 INFO 级别。

通常，在生产环境不会使用 DEBUG 级别，因为性能成本可能太高。前面列出的每个指标都在不同级别上可用，如表 7-1 所示。正如所看到的，线程类指标在任何级别都可用，而其余类别的指标仅用于在使用 DEBUG 级别时收集指标信息。

表 7-1　指标可用性按级别分类说明表

指标类别	DEBUG	INFO
线程	✖	✖
任务	✖	
处理器节点	✖	
状态存储	✖	
记录缓存	✖	

可以在设置 Kafka Streams 应用程序的配置时设置指标的级别，该配置随同应用程序的其他配置一起存在。到目前为止，你已经接受了默认配置，这些指标集合的默认级别是 INFO。

让我们更新 ZMart 高级应用的配置，并开启所有指标集合，如代码清单 7-3 所示（完整代码见 src/main/java/bbejeck/chapter_7/ZMartKafkaStreamsAdvancedReqsMetricsApp.java）。

代码清单 7-3　更新配置为 DEBUG 级别

```
private static Properties getProperties() {
    Properties props = new Properties();
    props.put(StreamsConfig.CLIENT_ID_CONFIG,        ← 客户端 ID
➡      "metrics-client-id");
```

```
      props.put(ConsumerConfig.GROUP_ID_CONFIG,
   "metrics-group-id");                              ◁——— 消费者组 ID
      props.put(StreamsConfig.APPLICATION_ID_CONFIG,
   "metrics-app-id");                                ◁——— 应用 ID
      props.put(StreamsConfig.METRICS_RECORDING_LEVEL_CONFIG,
   "DEBUG");                                              将指标记录级别
      props.put(StreamsConfig.BOOTSTRAP_SERVERS_CONFIG,     设置为 DEBUG
   "localhost:9092");                      ◁———
      return props;                                设置连接到
}                                                  代理的配置
```

现在已启用了 DEBUG 级别的指标的采集和记录，在本节我希望大家记住的关键点是：有对 Kafka Streams 应用程序全范围测量的内置指标，在将指标采集级别设置为 DEBUG 级别之前，先要仔细考虑这些指标对应用程序性能的影响。

我们已经介绍了可用的指标及它们是如何被收集的，下一步就来观察这些收集到的指标。

7.2.2　如何连接到收集到的指标

Kafka Streams 应用中的指标被采集并分发给指标报告者（reporter），正如你所猜到的，Kafka Streams 通过 Java Management Extensions（JMX）提供一个默认的指标报告者。

一旦启用了 DEBUG 级别采集指标，就没有什么需要再做的了，只需要观察它们即可。需要记住一件事：JMX 只适用于运行的应用程序，因此我们只有在程序运行时才能看到这些指标。

提示　还可以通过编程来访问指标，编程方式指标访问的示例代码见 src/main/java/bbejeck/chapter_7/Stock PerformanceStreamsAndProcessorMetricsApplication.java。

你可能对 JMX 的使用已经很熟悉，或者至少听过 JMX。在下一节中，我们将简要概述 JMX 的使用方法，如果已经对 JMX 的使用很熟悉，可以跳过这一节。

7.2.3　使用 JMX

JMX 是查看运行在 Java 虚拟机（Java Virtual Machine，Java VM）之上的程序行为的标准方式，也可以通过 JMX 查看 Java 虚拟机的执行情况。简而言之，JMX 为暴露运行中的程序的部分内容提供了基础设施。

幸运的是，不需要编写任何代码来运行这一监控，只需要连接 Java 虚拟机、JConsole 或者 Java 任务控制器（Java Mission Control，JMC）中的一个。

提示　JMC 功能很强大，是一个很好的监控工具，但在生产环境中使用时需要商业许可证。由于 JMC 包含在 JDK 中，因此可以直接在命令行以 jmc 命令来启动 JMC（假设是在 JDK 的 bin 目录下）。此外，需要在启动 Kafka Streams 应用程序时添加 -XX:+UnlockCommercialFeatures 和 -XX:+FlightRecorder 两个标志。

由于 JConsole 是最简单的方式，我们将从它开始介绍。

1. 启动 JConsole

JDK 附带了 JConsole，所以如果安装了 Java 就已经安装了 JConsole。启动 JConsole 就像从命令提示符运行 `jconsole` 命令一样简单（假设 Java 安装路径已添加到系统环境变量），一旦启动，就会出现一个图形化用户界面（GUI），如图 7-7 所示。一旦 JConsole 启动了，下一步就是使用它来看一些指标数据。

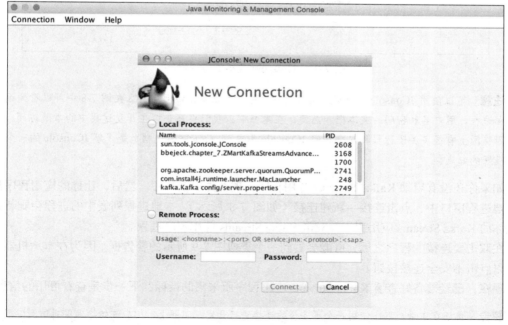

图 7-7　JConsole 启动菜单

2．开始监控正在运行的程序

在 JConsole 图形化用户界面的中间部分，你会看到一个连接对话框，图 7-8 展示了 JConsole 的起点。现在，我们只关心在本地进程中列出的 Java 进程。

图 7-8　JConsole 连接到应用程序

注意　可以使用 JConsole 监控远程应用程序，并且可以安全访问 JMX。在图 7-8 中可以看到远程进程、用户名和密码的文本框。然而，在本书中，我们将只介绍在开发过程中的本地访问。因特网上有很多关于远程和安全访问 JConsole 的说明，Oracle 的文档也是了解 JConsole 的一个很好的起点。

如果你还没有启动 Kafka Streams 应用程序，现在先启动程序。然后，让你的应用程序显示在本地进程窗口中，点击连接→新建连接（如图 7-8 所示）。本地进程列表中的进程会刷新，将看到你的 Kafka Streams 应用程序。双击 Kafka Streams 应用程序进程。

在双击要连接的程序之后，可能会看到一个类似图 7-9 所示的警告框。因为在本地机器，所以可以点击不安全连接按钮。

现在，已经准备好查看 Kafka Streams 应用程序所采集的指标，下一步是查看可用的信息。

警告　你正在本地机器上使用一个不安全的连接进行开发，实际上，你应该始终确保对访问应用程序内部状态的任何远程服务进行安全访问。

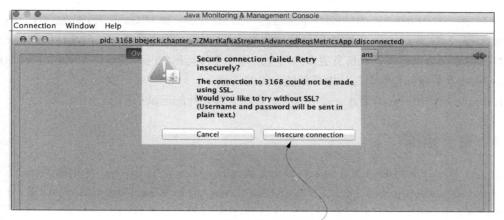

图 7-9 JConsole 连接警告，不使用 SSL

3. 查看指标信息

当连接上程序之后，会看到 JConsole 图形化用户界面类似图 7-10 所示。JConsole 提供了几个方便的选项来探查正在运行的应用程序的内部。

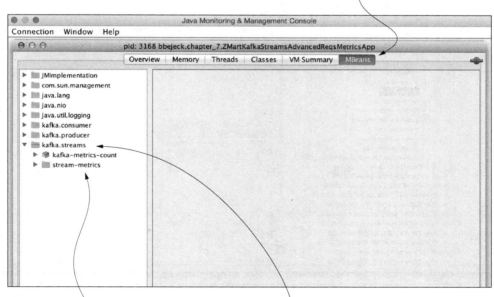

图 7-10 已启动的 JConsole

　　在 Overview、Memory、Threads、Classes、VM Summary 和 MBeans 几个标签页中，这里只使用 MBeans 标签页。MBeans 包含所收集的与 Kafka Streams 程序性能相关的统计信息。其他标签页也提供相关信息，但这些信息更多地与应用程序整体运行状况以及程序如何利用资源有关。MBeans 中收集的指标包含与拓扑内部性能有关的信息。

　　JConsole 的使用就介绍至此，接下来开始介绍查看拓扑的记录指标。

7.2.4　查看指标

　　图 7-11 展示了如何通过 JConsole 查看正在运行的 ZMart 应用程序的一些指标（程序完整代码见 src/main/java/bbejeck/chapter_7/ZMartKafkaStreamsAdvancedReqsMetricsApp.java）。正如所见，可以深入拓扑中的所有处理器和节点，以查看性能（吞吐量或延迟）。

图 7-11　JConsole 采集的 ZMart 应用程序的指标

提示　由于 JMX 只适用于正在运行的应用程序,因此在 src/main/java/bbejeck/chapter_7 目录下有一些持续进行的示例应用程序,以便于对指标的相关操作。因此,你需要在 IDE 中或者在命令行中按 Ctrl+C 显式地停止它们。

图 7-11 中展示的 `process-rate`(处理速率)指标会展示出平均每毫秒处理的记录数。如果查看右上角 Attribute Value(属性值)选项,可以看到平均处理速率是 3.537 条记录每毫秒(即 3537 条记录每秒)。此外,如前所述,我们可以从 JConsole 中看到生产者和消费者相关的指标。

提示　尽管所提供的指标比较全面,但也有可能你想定制一些指标。这是一个低级别的细节,可能并不是一个非常常见的用例,因此我们不会通过示例进行详细介绍。但是你可以查看 `Stock PerformanceMetricsTransformer.init` 方法(该方法给出如何添加一个自定义指标的示例)和 `Stock PerformanceMetricsTransformer.transform` 方法(该方法给出如何使用添加的自定义指标的示例)。`StockPerformanceMetricsTransformer` 类完整代码见 src/main/java/bbejeck/chapter_7/transformer/ StockPerformanceMetricsTransformer.java。

现在我们已经了解了如何查看 Kafka Streams 的指标,让我们继续学习用于观察应用程序的其他有用技术。

7.3　更多 Kafka Streams 调试技术

现在我们将介绍更多观察和调试 Kafka Streams 应用程序的方法。前一节侧重于应用程序性能监控相关的介绍,本节将关注获得关于应用程序的各种状态的通知并查看拓扑结构的技术。

7.3.1　查看应用程序的表现形式

应用程序启动并运行后,可能会遇到需要调试的情况。你可能想在工作中再多一双眼睛,但无论出于何种原因,你无法共享代码。或者你想查看分配给应用程序任务的 `TopicPartition`。

`Topology.describe()` 方法提供关于应用程序结构的一般信息,它打印出关于程序结构的信息,包括为支持重新分区而创建的任何内部主题。图 7-12 展示了第 7 章的 `CoGrouping ListeningExampleApplication` 调用 `describe` 方法的结果(完整代码见 src/main/java/bbejeck/chapter_7/CoGroupingListeningExampleApplication.java)。

正如所看到的,`Topology.describe()` 方法打印出一个友好、简洁的应用程序结构视图。注意,`CoGroupingListeningExampleApplication` 类使用的是处理器 API,因此拓扑中的所有节点都使用你所选择的名称。使用 Kafka Streams API,节点的名称稍微有些笼统,如下:

```
KSTREAM-SOURCE-0000000000:
    topics:          [transactions]
    children:        [KSTREAM-MAPVALUES-0000000001]
```

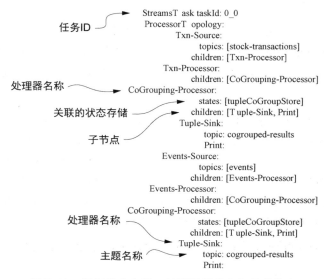

图 7-12 显示节点名称、关联的子节点和其他信息

提示   当使用 Kafka Streams DSL API 时,不会直接使用 Topology 类,但它很容易被访问。如果你想打印应用程序的物理拓扑,请使用 StreamBuilder.build()方法,该方法返回一个 Topology 对象,然后调用 Topology.describe()方法,就可以打印出类似图 7-12 所示的拓扑信息了。

在应用程序中获取有关 StreamThread 对象的信息,该对象显示的运行时信息也很有用。要访问 StreamThread 信息,请使用 KafkaStreams.localThreadsMetadata()方法。

7.3.2   获取应用程序各种状态的通知

当启动 Kafka Streams 应用程序时,它不会自动开始处理数据,需要先做一些协调工作。例如,消费者需要获取元数据和订阅信息;应用程序需要启动 StreamThread 实例,并给相应的 StreamTask 分配 TopicPartition。

分配或重新分配任务(工作负载)的过程称为再平衡。再平衡意味着 Kafka Streams 能够自动伸缩。这是一个至关重要的优势——你可以在现有应用程序已运行时添加新的应用程序实例,并且再平衡过程将重新分配工作负载。

例如,假设有一个具有两个源主题的 Kafka Streams 应用程序,每个主题有两个分区,那么就会有 4 个 TopicPartition 对象需要分配。首先通过一个线程启动应用程序,然后 Kafka Streams 根据所有输入主题的最大分区数决定要创建的任务数。对于本例,每个主题有两个分区,因此最大分区数为 2，就会创建两个任务。再平衡过程会给这两个任务分别分配两个 `TopicPartition` 对象。

　　应用程序运行一段时间之后，你决定要能够更快地处理记录。为了达到这个目的，你所需要做的就是启动另一个版本的具有相同应用程序 ID 的程序，再平衡过程会将负载分配给新的应用程序的线程，在两个线程之间分配这两个任务。在原来版本的程序仍然在运行的情况下，你只需要将应用程序规模扩大一倍——没有必要关闭原来运行的程序。

　　引发再平衡操作的其他原因包括：另一个 Kafka Streams 实例（具有相同的应用程序 ID）启动或关闭，增加一个主题的分区，或者在正则表达式定义源节点的情况下添加或移除与正则表达式匹配的主题。

　　在再平衡阶段，在应用程序完成将主题的分区分配给流任务之前，外部交互将会暂停，因此在应用程序的生命周期中应该意识到这一点。例如，可查询状态存储不可用，因此在状态存储再次可用之前要能够限制查看存储内容的请求。

　　但是，如何能查出其他应用程序是否正在进行再平衡呢？幸运的是，Kafka Streams 提供了一种 `StateListener` 机制，下一节将会对其进行介绍。

7.3.3　使用状态监听器

　　一个 Kafka Streams 应用程序在任何时间点都处于 6 种状态之一，图 7-13 展示了 Kafka Streams 应用程序可能的有效状态。正如你所看到的，我们可以讨论一些状态变更的场景，但要集中在对运行和再平衡这两种状态之间转换的介绍。这两种状态之间的转换是最频繁的，并且对性能影响也最大，因为在再平衡阶段不会做任何数据处理。

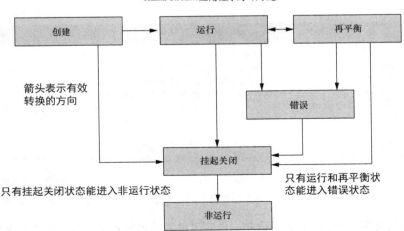

图 7-13　Kafka Streams 应用程序可能的状态

要捕获这些状态变更，可使用 KafkaStreams.setStateListener 方法，该方法接受一个 StateListener 接口的实例。StateListener 是一个单方法接口，因此可以使用 Java 8 的 lambda 语法，如代码清单 7-4 所示（完整代码见 src/main/java/bbejeck/chapter_7/ZMartKafka StreamsAdvancedReqsMetricsApp.java）。

代码清单 7-4　增加一个状态监听器

```
KafkaStreams.StateListener stateListener = (newState, oldState) ->; {
    if (newState == KafkaStreams.State.RUNNING &&
➡ oldState == KafkaStreams.State.REBALANCING) {          ◀──── 检查状态是否
        LOG.info("Application has gone from REBALANCING to RUNNING ");    由再平衡转换
        LOG.info("Topology Layout {}",                                    为运行
➡ streamsBuilder.build().describe());   ◀────── 打印拓
    }                                            扑结构
};
```

提示　代码清单 7-4（运行 ZMartKafkaStreamsAdvancedReqsMetricsApp.java）涉及查看 JMX 指标和状态转换通知，所以我关闭了将流结果打印到控制台的功能，仅将流结果写入 Kafka 主题。当运行应用程序时，会在控制台看到监听器的输出。

对于第一个 StateListener 的实现，仅将状态更改记录日志到控制台。在 7.3.1 节，介绍打印拓扑结构时，我提到过需要等到应用程序完成再平衡后才执行，代码清单 7-4 中就是这样做的：待所有任务和分配完成之后，再打印拓扑结构。

让我们进一步看一下这个例子，展示如何在应用程序进入再平衡状态时发出信号。可以按照代码清单 7-5 所示的方式更新代码来处理这个额外的状态转换（完整代码见 src/main/java/bbejeck/chapter_7/ZMartKafkaStreamsAdvancedReqsMetricsApp.java）。

代码清单 7-5　在再平衡时更新状态监听器

```
KafkaStreams.StateListener stateListener = (newState, oldState) -> {
    if (newState == KafkaStreams.State.RUNNING &&
➡ oldState == KafkaStreams.State.REBALANCING) {
        LOG.info("Application has gone from REBALANCING to RUNNING ");
        LOG.info("Topology Layout {}", streamsBuilder.build().describe());
    }

    if (newState == KafkaStreams.State.REBALANCING) {
        LOG.info("Application is entering REBALANCING phase");   ◀──── 当进入再平
    }                                                                  衡阶段时添
};                                                                     加一些操作
```

即使使用的是简单的记录日志的语句，也应该很清楚地展示了如何添加更复杂的逻辑来处理应用程序内的状态变更。

注意　由于 Kafka Streams 是一个库而不是一个框架，因此你可以在一台机器上运行单个实例。如果在不同的机器上运行多个应用程序，也只会看到本地机器上状态变更的结果。

本节的关键点是你可以连接到 Kafka Streams 应用程序当前的状态，从而减少黑盒操作。

接下来，我们将更深入地探讨再平衡。虽然自动再平衡工作负载的能力是 Kafka Streams 的优点，但是你可能希望再平衡的次数保持在最低限度。当再平衡发生时，将不能够处理数据，然而我们却希望应用程序尽可能多地处理数据。

7.3.4　状态恢复监听器

在第 4 章中，大家已经了解了状态存储以及对其备份的重要性，以防出现故障。在 Kafka Streams 中，我们经常使用被称为变更日志（changelog）的主题作为状态存储的备份。

当更新发生时，变更日志记录状态存储的更新。当一个 Kafka Streams 应用程序发生故障或者重启时，状态存储可以从本地状态文件中恢复，如图 7-14 所示。

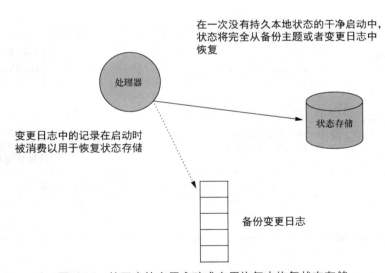

图 7-14　从干净的应用启动或应用恢复中恢复状态存储

然而，在某些情况下，可能需要从变更日志中对状态存储进行完全恢复。例如，将 Kafka Streams 应用程序运行在像 Mesos 之类的无状态环境上，或者遇到服务器发生严重故障且本地磁盘上的文件被清除。恢复过程的长短取决于需要恢复的数据量，当需要恢复的数据较大时，就可能会花费大量的时间。

在恢复期间，任何暴露的用于查询的状态存储都不可用，因此了解恢复过程可能花费的时间以及恢复过程的进度很有必要。此外，如果你有一个自定义的状态存储，可能希望知道恢复操作什么时候开始和结束，这样你就可以执行任何必要的任务设置或拆卸。

　　`StateRestoreListener` 接口与 `StateListener` 接口很像，它允许通知应用程序内部发生了什么。`StateRestoreListener` 提供了 3 个方法，即 `onRestoreStart`、`onBatchRestored` 和 `onRestoreEnd`。`KafkaStreams.setGlobalRestoreListener` 方法用于指定要使用的全局恢复监听器。

　　注意　所提供的 `StateRestoreListener` 在应用程序范围内是共享的，并且是无状态的。如果想跟踪监听器内的任何状态，则需要提供同步机制。

　　让我们通过监听器的代码来了解这个通知过程是如何工作的，这里将从变量声明和 `onRestoreStart` 方法开始，如代码清单 7-6 所示（完整代码见 src/main/java/bbejeck/chapter_7/restore/LoggingStateRestoreListener.java）。

代码清单 7-6　一个日志恢复监听器

```
public class LoggingStateRestoreListener implements StateRestoreListener {

    private static final Logger LOG =
➥ LoggerFactory.getLogger(LoggingStateRestoreListener.class);
    private final Map<TopicPartition, Long> totalToRestore =
➥ new ConcurrentHashMap<>();                                          ◀── 创建 Concurrent
    private final Map<TopicPartition, Long> restoredSoFar =              HashMap 实例用
➥ new ConcurrentHashMap<>();                                      ◀── 于跟踪恢复的进度


    @Override
    public void onRestoreStart(TopicPartition topicPartition,      存储给定
➥ String store, long start, long end) {                           TopicPartition
        long toRestore = end - start;                              要恢复的总量
        totalToRestore.put(topicPartition, toRestore);        ◀──
        LOG.info("Starting restoration for {} on topic-partition {}
➥ total to restore {}", store, topicPartition, toRestore);
    }

    // other methods left out for clarity covered below
}
```

　　第一步创建了两个 `ConcurrentHashMap` 实例，用于跟踪恢复的进度。在 `onRestoreStart` 方法中，存储了需要恢复的记录总数，并记录启动恢复操作的日志。

　　接下来，我们继续讨论处理批量恢复的代码，如代码清单 7-7 所示（源代码见 src/main/java/bbejeck/chapter_7/restore/LoggingStateRestoreListener.java）。

代码清单 7-7　处理批量恢复

```
@Override
public void onBatchRestored(TopicPartition topicPartition,
```

```
String store, long start, long batchCompleted) {
    NumberFormat formatter = new DecimalFormat("#.##");

    long currentProgress = batchCompleted +
restoredSoFar.getOrDefault(topicPartition, 0L);
    double percentComplete =
(double) currentProgress / totalToRestore.get(topicPartition);

        LOG.info("Completed {} for {}% of total restoration for {} on {}",
                    batchCompleted,
formatter.format(percentComplete * 100.00),
store, topicPartition);
        restoredSoFar.put(topicPartition, currentProgress);
}
```

计算要恢复的记录总数

确定恢复完成的百分比

记录已恢复的百分比日志

存储到目前为止已恢复的记录总数

恢复过程使用的是一个内部消费者从变更日志主题读取数据，应用程序通过每个 `consumer.poll()`方法调用批量恢复记录。因此，任何批次的记录最大值等于配置项 `max.poll.records`设置的值。

当恢复过程将最新的批量记录装载到状态存储之后，会调用 `onBatchRestored` 方法。该方法处理逻辑为：首先，将当前批量记录的总数添加到累计恢复计数中；然后，计算已恢复的百分比，并记录结果日志；最后装载先前计算好的最新总记录数。

最后一个要介绍的步骤是恢复完成时会调用的方法，如代码清单 7-8 所示（完整代码见 src/main/java/bbejeck/chapter_7/restore/LoggingStateRestoreListener.java）。

代码清单 7-8　恢复完成时调用的方法

```
@Override
public void onRestoreEnd(TopicPartition topicPartition,
    String store, long totalRestored) {
        LOG.info("Restoration completed for {} on
topic-partition {}", store, topicPartition);
        restoredSoFar.put(topicPartition, 0L);
}
```

跟踪一个 TopicPartition 恢复进度

当应用程序完成恢复后，就会向监听器发出最后一次方法调用，向该方法传递已恢复的总记录数。对于本例，在该方法中记录恢复已完成的日志，并将相应的 TopicPartition 所对应的总恢复计数值设置为 0。

最后，可以在应用程序中使用 LoggingStateRestoreListener，如代码清单 7-9 所示（完整代码见 src/main/java/bbejeck/chapter_7/CoGroupingListeningExampleApplication.java）。

代码清单 7-9　指定全局恢复监听器

```
kafkaStreams.setGlobalStateRestoreListener(new LoggingStateRestoreListener());
```

这就是一个使用 StateRestoreListener 的例子。第 9 章会给出一个示例，其中包含恢复进度的图形表示。

提示 查看运行 CogroupingListeningExampleApplication 示例生成的日志文件，在安装源代码的根路径下的 logs 目录下，查找一个名为 state_restore_listener.log 的文件。

7.3.5 未捕获的异常处理器

毫不夸张地说，每一个开发人员时不时都会遇到一些莫名其妙的异常，当程序闪退时在控制台或者日志文件中会有大量的栈轨迹信息。尽管这种情况不太适合"监控"的例子，但是在意外发生时获得通知并进行任何清理的能力是一种很好的做法。Kafka Streams 提供了 KafkaStreams.setUncaughtExceptionHandler 方法，用于处理这些意外错误，该方法调用如代码清单 7-10 所示（完整代码见 src/main/java/bbejeck/chapter_7/CoGroupingListeningExample Application.java）。

代码清单 7-10 基础未捕获的异常处理器

```
kafkaStreams.setUncaughtExceptionHandler((thread, exception) ->; {
    CONSOLE_LOG.info("Thread [" + thread + "]
    encountered [" + exception.getMessage() +"]");
});
```

代码清单 7-10 绝对是一个最基础的实现，但它演示了在哪里可以设置一个钩子来处理意外的错误，既可以像本例一样记录错误日志，也可以执行任何需要的清理操作并关闭流式应用程序。Kafka Streams 应用程序相关的监控就介绍至此。

7.4 小结

- 要监控 Kafka Streams，就要同时关注 Kafka 代理。
- 应该时不时启用指标报告，以查看应用程序的性能。
- 查看底层运行情况是很有必要的，有时需要使用低级别 API 并使用 Java 附带的命令行工具以了解应用程序运行状态，这些工具诸如 jstack（用于线程转储）和 jmap/jhat（用于堆转储）。

本章我们专注于观察应用的行为，下一章将把重点放在确保应用程序能够一致地和适当地处理错误。我们还将通过定期测试以确保应用程序提供了预期的行为。

第 8 章　测试 Kafka Streams 应用程序

本章主要内容

■ 测试拓扑。

■ 测试单个处理器和转换器。

■ 使用嵌入式 Kafka 集群的集成测试。

到目前为止，我们已经介绍了创建 Kafka Streams 应用程序的基本构建模块。但是，对于应用程序开发中的一个关键部分直到现在还没有介绍——如何测试应用程序。我们所关注的一个关键想法是将业务逻辑放在一个独立的类中，该类完全独立于 Kafka Streams 应用程序，因为这样可以使业务逻辑更易于测试。我希望大家意识到测试的重要性，我们回顾一下为什么测试和开发过程本身一样有必要的两个最重要的原因。

首先，当开发代码时，你正在创建一个和其他人可以预期关于代码将如何执行的隐性合约。证明代码有效的唯一方法是进行全面测试，因此需要使用测试来提供大量可能的输入和场景，以确保代码在合理的情况下正常工作。

其次，需要一个优秀的测试套件来处理软件中不可避免的变化。当新的代码破坏了预期的行为集时，一套好的测试集会立即给出反馈。此外，当对代码进行重要的重构或者增加新的功能时，通过测试会让你对变更所带来的影响有信心（如果提供好的测试集）。

即使了解了测试的重要性，测试 Kafka Streams 应用程序也不总是那么简单。你仍然可以选择运行一个简单的拓扑并观察结果，但是这种方式有一个缺点。你需要有一套可以随时运行的、可重复的测试集，并且作为构建程序的一部分，也希望它能够具有在没有 Kafka 集群和 ZooKeeper 集群的情况下测试应用程序的能力。

这就是本章中要讲的内容。首先，你将会看到如何在不运行 Kafka 的情况下测试一个拓扑，这样就可以从单元测试中看到整个拓扑。你还将学到如何独立地测试处理器和转换器，并模拟任何所需的依赖关系。

注意　你可能有使用模拟（mock）对象进行测试的经验，如果没有，可以参考维基百科介绍模拟对象的相关文章。

尽管单元测试对于再现性和快速反馈至关重要，但集成测试也同样重要，因为在实践中有时需要查看应用程序的活动部分。例如，对于再平衡的情况，它是 Kafka Streams 应用程序的一个重要组成部分，在单元测试中实现再平衡几乎是不可能的。表 8-1 总结了单元测试和集成测试之间的差异。

表 8-1   测试方式

测试类型	目的	测试速度	使用级别
单元测试	单独测试功能的各个部分	快	绝大多数
集成测试	测试整个系统的集成点	运行时间较长	少数

你需要在真实条件下触发一次真正的再平衡来测试它，对于这些情况，你需要使用 Kafka 集群的一个存活的实例[①]。但是，你不希望依赖于外部集群，因此我们将研究如何使用嵌入式的 Kafka 和 ZooKeeper 来进行集成测试。

8.1   测试拓扑

在第 3 章中我们构建了第一个拓扑，该拓扑相对复杂。图 8-1 再次展示该拓扑。

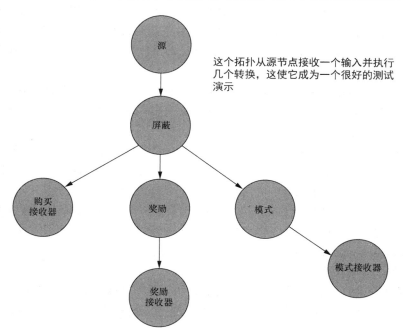

图 8-1   ZMart 的 Kafka Streams 程序初始的完整拓扑

---

① 存活的实例是指 Kafka 集群中正常运行的节点实例。　——译者注

该拓扑处理逻辑非常简单,但正如从其结构图可知,它由好几个节点构成。它也有一个有助于演示测试的要点:需要一个输入、一个初始阶段和执行几个转换操作。这将使测试变得很容易,因为你只需要提供一个单一的购买值,就能够确认所有的适当转换是否发生。

提示 大多数情况下,希望将逻辑放在单独的类中,这样就可以单独地从拓扑结构中对业务逻辑进行单元测试。对于 ZMart 拓扑的示例,大多数逻辑都很简单,并以 Java 8 的 lambda 表达式展现,因此对于本例你可以测试拓扑流。

你需要有一个可重复的独立测试程序,因此需要使用 ProcessorTopologyTestDriver,它允许编写一个不需要 Kafka 来运行的测试程序。请记住,在没有 Kafka 存活实例的情况下测试拓扑的能力使测试更快、更轻量级,从而带来更短的开发周期。还要注意,Processor TopologyTestDriver 是一个通用的测试框架,该框架用来测试你所构建的各个 Kafka Streams Topology 对象。

使用 Kafka Streams 的测试工具

要使用 Kafka Streams 的测试工具,需要将 build.gradle 文件内容更新如下:

```
testCompile group:'org.apache.kafka', name:'kafka-streams',
 version:'1.0.0', classifier:'test'

testCompile group:'org.apache.kafka', name:'kafka-clients',
 version:'1.0.0', classifier:'test'
```

如果使用的是 Maven,则使用以下代码:

```
<dependency>
   <groupId>org.apache.kafka</groupId>
   <artifactId>kafka-streams</artifactId>
   <version>1.0.0</version>
   <scope>test</scope>
   <classifier>test</classifier>
 </dependency>

<dependency>
   <groupId>org.apache.kafka</groupId>
   <artifactId>kafka-clients</artifactId>
   <version>1.0.0</version>
   <scope>test</scope>
   <classifier>test</classifier>
</dependency>
```

提示 如果使用 Kafka 和 Kafka Streams 测试代码来编写你自己的项目,最好使用该项目代码的所有依赖。

当在最初构建该拓扑时,将所有的代码都写在 ZMartKafkaStreamsApp.main 方法中,这样做在快速开发时是很好的,但是这样做不适合进行测试。现在要做的就是将拓扑重构为一个独立的类，这样就能够对拓扑进行测试。

逻辑没有改变，仅按原样移动代码，所以在这里不再展示变换过程。但是，如果想看变换后的代码，可以查阅源代码 src/main/java/bbejeck/chapter_8/ZMartTopology.java 类。

利用这些迁移的代码，现在我们来构建一个测试用例。

8.1.1　构建测试用例

现在我们来构建一个 ZMart 拓扑的单元测试，可以使用标准的 JUnit 测试，在运行测试之前需要做一些设置（完整代码见 src/main/java/bbejeck/chapter_8/ZMartTopologyTest.java），单元测试代码如代码清单 8-1 所示。

代码清单 8-1　用于拓扑测试的 setUp 方法

```
@Before
public void setUp() {

    // properties construction left out for clarity
    StreamsConfig streamsConfig = new StreamsConfig(props)    重构 ZMart 拓扑：现在
    Topology topology = ZMartTopology.build();               可以调用 build() 方法
                                                             获取拓扑
    topologyTestDriver =
 ➥ new ProcessorTopologyTestDriver(streamsConfig, topology);
}
                                            创建 ProcessorTopologyTestDriver
```

代码清单 8-1 的关键点是创建 `ProcessorTopologyTestDriver`，它提供给代码清单 8-2 用来运行测试（完整代码见 src/main/java/bbejeck/chapter_8/ZMartTopologyTest.java）。

代码清单 8-2　测试拓扑

```
@Test
public void testZMartTopology() {
                                                            创建一个测试对象，
    // serde creation left out for clarity                 重用从运行拓扑中
                                                            生成的代码
    Purchase purchase = DataGenerator.generatePurchase();

    topologyTestDriver.process("transactions",             向拓扑发送一条
                           null,                            初始记录
                           purchase,
                           stringSerde.serializer(),
                           purchaseSerde.serializer());
                                                            从 purchases 主题
    ProducerRecord<String, Purchase> record =              中获取一条记录
 ➥ topologyTestDriver.readOutput("purchases",
                           stringSerde.deserializer(),
                           purchaseSerde.deserializer());
```

```
        Purchase expectedPurchase =
        Purchase.builder(purchase).maskCreditCard().build();
        assertThat(record.value(), equalTo(expectedPurchase));
    }
```

将测试对象转换
为预期的格式

验证拓扑中的记录是否
与预期的记录相匹配

代码清单 8-2 有两个关键部分, 从 topologyTestDriver.process 开始, 向 transactions 主题发送一条记录, 因为该主题是整个拓扑的源。完成拓扑加载之后, 可以验证操作是否正确。在接下来的代码行中, 使用 topologyTestDriver.readOutput 方法, 使用拓扑中定义的一个接收器节点从 purchases 主题读取记录。倒数第二行创建了期望的输出记录, 在最后一行通过断言来验证输出结果与期望的结果一致。

在拓扑中还有其他两个接收器节点, 我们来完成测试以验证是否能够从这两个节点得到正确的输出, 测试代码如代码清单 8-3 所示 (完整代码见 src/test/java/bbejeck/chapter_8/ZMartTopologyTest.java)。

代码清单 8-3 测试拓扑其余部分

```
@Test
public void testZMartTopology() {

    // 接着前面的部分继续测试

    RewardAccumulator expectedRewardAccumulator =
    RewardAccumulator.builder(expectedPurchase).build();

    ProducerRecord<String, RewardAccumulator> accumulatorProducerRecord =
    topologyTestDriver.readOutput("rewards",
                              stringSerde.deserializer(),
                              rewardAccumulatorSerde.deserializer());

    assertThat(accumulatorProducerRecord.value(),
    equalTo(expectedRewardAccumulator));
    PurchasePattern expectedPurchasePattern =
    PurchasePattern.builder(expectedPurchase).build();

    ProducerRecord<String, PurchasePattern> purchasePatternProducerRecord =
    topologyTestDriver.readOutput("patterns",
                              stringSerde.deserializer(),
                              purchasePatternSerde.deserializer());

    assertThat(purchasePatternProducerRecord.value(),
    equalTo(expectedPurchasePattern));
}
```

从 rewards 主题读
取一条记录

验证 rewards 主题的
输出是否符合预期

从 patterns 主题读
取一条记录

验证 patterns 主题的输
出是否符合预期

当向测试用例中再添加另一个处理节点时，可以看到添加新处理节点的测试代码与代码清单 8-3 中所示的代码模式相同，即从每个主题读取记录，并通过断言语句来验证是否与预期一致。对于这个测试需要记住的要点是：现在有一个能够通过一条记录在整个拓扑中运行来进行可重复测试而无须运行 Kafka 的测试方法。

`ProcessorTopologyTestDriver` 还支持使用状态存储来测试拓扑，因此让我们看看如何实现这一点。

8.1.2   测试拓扑中的状态存储

为了演示对状态存储的测试，需要重构另一个类 `StockPerformanceStreamsAnd ProcessorApplication`，从方法调用中返回拓扑。该类源代码位于 src/main/java/bbejeck/chapter_8/StockPerformanceStreamsProcessorTopology.java，对其逻辑没有做任何修改，因此这里对这个类的逻辑不再介绍。

因为测试的设置与先前测试相同，所以这里只介绍新增加的部分，如代码清单 8-4 所示（完整代码见 src/test/java/bbejeck/chapter_8/StockPerformanceStreamsProcessor TopologyTest.java）。

代码清单 8-4   测试状态存储

```
StockTransaction stockTransaction =                          生成一条
    DataGenerator.generateStockTransaction();                测试记录

topologyTestDriver.process("stock-transactions",             使用测试驱
                    stockTransaction.getSymbol(),            动处理记录
                    stockTransaction,
                    stringSerde.serializer(),
                    stockTransactionSerde.serializer());      从拓扑中检
                                                             索状态存储
KeyValueStore<String, StockPerformance> store =
    topologyTestDriver.getKeyValueStore("stock-performance-store");

assertThat(store.get(stockTransaction.getSymbol()),          通过断言验证状态存储
    notNullValue());                                         中是否包含期望的值
```

正如大家所看到的，最后一行断言将快速验证代码是否使用的是预期的状态存储。现在大家已经了解了 `ProcessorTopologyTestDriver` 的实际应用，也了解了如何实现拓扑的端到端测试。测试的拓扑可以很简单，只有一个处理节点，也可以很复杂，包括多个子拓扑。尽管是在没有 Kafka 代理的情况下进行测试，但毫无疑问，这是一个完整的拓扑测试，它将测试拓扑的所有部分，包括对记录进行序列化和反序列化。

大家已看到了如何对拓扑进行端到端测试，但可能还希望对处理器和转换器对象的内部逻辑进行测试。对整个拓扑进行测试很好实现，但是要对每个类的内部行为进行验证就需要一个更细粒度的方法，我们将在下一节进行介绍。

8.1.3　测试处理器和转换器

要验证单个类内部的行为需要一个真正的单元测试，该单元测试中只有一个类在测试。编写处理器和转换器的单元测试并不难，但需要记住的是这两个类都依赖于用于获取任何状态存储和定时 punctuation 操作的 `ProcessorContext`。

你并不想创建一个真实的 `ProcessorContext` 对象，而是创建一个可以替代它用于测试的对象，即一个模拟对象。对于使用模拟对象，有两种方式来实现。

一种方式是使用模拟对象框架（如 Mockito）在测试中生成模拟对象。另一种方式是使用 `MockProcessorContext` 对象，它与 `ProcessorTopologyTestDriver` 在同一个测试库中。采用哪种方式取决于你需要如何使用它们。

如果你需要模拟对象作为实际依赖项的占位符，那么创建具体的模拟对象（模拟对象不是由模拟对象框架创建的）是一个不错的选择。但是，如果你想验证传递给模拟对象的参数、返回值或者其他任何行为，那么使用框架生成的模拟对象是一个不错的选择。模拟对象框架（如 Mockito）提供了丰富的 API，用于设置期望和验证行为，节省了开发时间并加快了测试进度。

代码清单 8-5 将使用这两种类型的模拟对象。使用 Mockito 框架创建 `ProcessorContext` 模拟对象，因为希望在 `init` 方法调用期间验证参数，并验证从 `punctuate()` 方法转发的值是否是期望的值。还可以为键/值存储使用自定义的模拟对象，在我们逐步介绍代码示例时，你将会看到对该对象的实际操作。

代码清单 8-5 中使用模拟对象测试一个处理器，通过类名为 `AggregatingMethodHandle` `ProcessorTest` 的测试类对 `AggregatingMethodHandleProcessor` 进行测试，其源代码位于 src/test/java/bbejeck/chapter_6/processor/cogrouping/。首先，验证 `init` 方法中使用的参数是否正确（完整代码见 src/test/java/bbejeck/chapter_6/AggregatingMethodHandleProcessorTest.java）。

代码清单 8-5　测试 `init` 方法

```
// 一些细节需要澄清
private ProcessorContext processorContext =                              使用 Mockio 模拟 ProcessorContext
    mock(ProcessorContext.class);                              ◁──────   对象
private MockKeyValueStore<String, Tuple<List<ClickEvent>,
    List<StockTransaction>>> keyValueStore =                              一个模拟的 KeyValueStore
    new MockKeyValueStore<>();                              ◁──────      对象

private AggregatingMethodHandleProcessor processor =
    new AggregatingMethodHandleProcessor();                 ◁────── 测试中的类

@Test
@DisplayName("Processor should initialize correctly")                    调用处理器的 init 方法, 在
public void testInitializeCorrectly() {                                  ProcessorContext 上触发该
    processor.init(processorContext);                      ◁──────       方法调用
```

```
    verify(processorContext).schedule(eq(15000L), eq(STREAM_TIME),
    isA(Punctuator.class));
    verify(processorContext).getStateStore(TUPLE_STORE_NAME);
}
```

验证 ProcessorContext.schedule
方法的参数

验证检索状态
存储的结果

第一个测试示例比较简单：调用测试中的处理器的 init 方法，该测试具有模拟的 Processor
Context 对象，然后验证用于调度 punctuate 方法的参数和已检索的状态存储。

接下来，我们来测试 punctuate 方法，以验证转发的记录是否与预期的一致，测试代码如代
码清单 8-6 所示（源代码见 src/test/java/bbejeck/chapter_6/AggregatingMethodHandleProcessorTest.java）。

代码清单 8-6　测试 punctuate 方法

```
@Test
@DisplayName("Punctuate should forward records")
public void testPunctuateProcess(){
    when(processorContext.getStateStore(TUPLE_STORE_NAME))
                        .thenReturn(keyValueStore);

    processor.init(processorContext);
    processor.process("ABC", Tuple.of(clickEvent, null));
    processor.process("ABC", Tuple.of(null, transaction));

    Tuple<List<ClickEvent>,List<StockTransaction>> tuple =
    keyValueStore.innerStore().get("ABC");
    List<ClickEvent> clickEvents = new ArrayList<>(tuple._1);
    List<StockTransaction> stockTransactions = new ArrayList<>(tuple._2);

    processor.cogroup(124722348947L);

    verify(processorContext).forward("ABC",
    Tuple.of(clickEvents, stockTransactions));

    assertThat(tuple._1.size(), equalTo(0));
    assertThat(tuple._2.size(), equalTo(0));
}
```

设置模拟行为，在调用时返
回一个 KeyValueStore 对象

调用处
理器的
init 方法

处理 ClickEvent 和 Stock
Transaction 对象

提取在 process 方法
中放入状态存储中
的实体对象

调用
cogroup
方法，该
方法是用
于调度
punctuate
的方法

验证 processorContext
是否转发预期的记录

验证元组内的集
合是否已清除

这个测试有一点复杂，它将模拟的和真实的行为混合使用，现在我们对该测试进行简要
介绍。

第一行代码指定了模拟对象 ProcessorContext 的行为，当调用 ProcessorContext
getStateStore 方法时返回一个无存根对象 KeyValueStore，仅这一行代码就很有趣地混
合了生成的模拟对象和无存根模拟对象。

我们可以很简单地使用 Mockito 生成一个模拟的 KeyValueStore 对象，但是有两个原因
导致我选择不这样做：首先，在我看来由生成的模拟对象返回另一个生成的模拟对象似乎有点怪；
其次，希望验证和使用在测试期间存储在 KeyValueStore 中的值，而不是用一个固定的响应

来设置期望值。

接下来的 3 行代码,从 `processor.init` 方法开始,运行处理器通常的步骤:首先初始化,然后处理记录。第 4 步使用一个有效的 `KeyValueStore`,这一步很重要,因为 `KeyValueStore` 是一个简单的存根类,所以底层可以使用 `java.util.HashMap` 作为实际存储。在设置处理器的期望值之后的 3 行代码中,将从存储中检索由 `process()` 方法调用放置到存储中的内容。并创建新的 `ArrayList` 对象,该对象中的内容是根据给定的键从状态存储中获取的元组(同样,该元组是一个为本书中的示例代码开发的自定义类)。

接下来,驱动处理器的 `punctuate` 方法。因为这是一个单元测试,所以并不需要测试时间是如何推进的,这等同于对 Kafka Streams API 自身的测试,显然在这里并不是我们想要测试的。我们的目标是验证定义为 `Punctuator` 的方法的行为(通过方法引用)。

现在,验证测试的要点:验证通过 `ProcessorContext.forward` 方法向下游转发的键和值是否与期望的一致。这一部分的测试演示了生成的模拟对象的价值。使用 Mockito 框架,你只需要告诉模拟对象期望使用给定的键和值来调用 `forward` 方法,并验证该测试是否以这种方式精确地执行了代码。最后,验证处理器在将 `ClickEvent` 对象和 `StockTransaction` 对象集合向下游转发之后是否将它们清除了。

正如你从这个测试中所看到的,你可以混合使用生成的模拟对象和无存根的模拟对象来隔离测试中的类。正如我在本章前面所提到的,Kafka Streams API 应用程序中的大部分测试应该是对业务逻辑和任何个别处理器或者转换器对象的单元测试。Kafka Streams 本身肯定已经过充分的测试,因此你需要把精力放在新的、未经测试的代码上。

你可能迫不及待地要部署你的应用程序来查看它是如何与 Kafka 集群进行交互的,又想对代码进行完整性检查,这就需要集成测试。下面让我们看看如何在本地测试一个真实的 Kafka 代理。

8.2 集成测试

至此,你已经了解了如何对整个拓扑或者单个组件进行单元测试。在大多数情况下,这些类型的测试都是非常适用的,因为它们运行起来很快,并且可以验证代码的特定部分。

但是,有些时候需要将所有工作组件一起进行端到端的测试,换句话说,就是集成测试。通常,当一些功能在单元测试时无法被覆盖时就需要进行集成测试。

举一个例子,让我们回到第一个应用程序 "Yelling App"。因为太久之前创建的拓扑,所以在图 8-2 中再展示一遍。

假设将原单个主题修改为匹配正则表达式的任何主题,该正则表达式如下:

```
yell-[A-Za-z0-9-]
```

例如,你想确认当你的应用程序在部署和运行时是否添加了与模式 `yell-at- everyone` 相匹配的主题,那么将会从新添加的主题中读取信息。

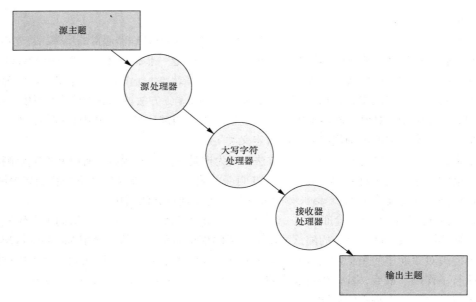

图 8-2　再一次展示"Yelling App"应用程序的拓扑

　　你并不会更新原来的"Yelling App"应用程序，因为它太小了。反而在测试中直接使用代码清单 8-7 所示的修改版本（完整代码见 src/java/bbejeck/chapter_3/KafkaStreamsYellingIntegrationTest.java）。

代码清单 8-7　更新 Yelling 应用程序

　　因为是在 Kafka 代理级别添加主题，所以当应用程序运行时，测试应用程序是否选择新创建的主题的唯一真实的方法是新创建一个主题。在一个单元测试中运行这个场景几乎是不可能的，但是否意味着你需要部署更新的应用程序来测试它呢？

　　幸运的是，答案是否定的。你可以将可用的嵌入式 Kafka 集群和 Kafka 测试库一起使用。

　　通过使用嵌入式 Kafka 集群，可以在任何时候在你机器上运行一个需要 Kafka 集群的集成测试。既可以单独运行也可以作为整体测试的一部分。这加快了开发周期。（我在这里使用"嵌入式"一词是指在本地独立模式下运行像 Kafka 或 ZooKeeper 等大型应用程序，或将其"嵌入"现有应用程序中。）让我们继续构建集成测试。

构建集成测试

　　使用嵌入式的 Kafka 服务器的第一步要求在 builder.gradle 或者 pom.xml 文件中添加 3 个测试

依赖包，即 scala-library-2.12.4.jar、kafka_2.12-1.0.0-test.jar 和 kafka_2.12-1.0.0.jar。在 8.1 节中我们已经介绍了添加测试 jar 文件的语法，因此在这里不再重复。

虽然依赖包的数量看起来似乎开始增加，但是请记住这里添加的都是测试依赖包。测试依赖包并不会和应用程序的代码一起打包和部署，因此它们不会影响最终应用程序的大小。

现在已经添加了所需的依赖包，我们就开始定义一个使用嵌入式 Kafka 代理的集成测试。依然使用标准的 JUnit 方式来创建集成测试。

1. 添加嵌入式的 Kafka 集群

向测试中添加嵌入式 Kafka 代理只需要添加一行代码，如代码清单 8-8 所示（完整代码见 src/java/bbejeck/chapter_3/KafkaStreamsyellingIntegrationTest.java）。

代码清单 8-8 添加嵌入式 Kafka 代理

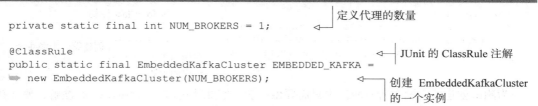

```
private static final int NUM_BROKERS = 1;          ←── 定义代理的数量

@ClassRule                                          ←── JUnit 的 ClassRule 注解
public static final EmbeddedKafkaCluster EMBEDDED_KAFKA =
➥  new EmbeddedKafkaCluster(NUM_BROKERS);          ←── 创建 EmbeddedKafkaCluster
                                                         的一个实例
```

在代码清单 8-8 的第二行代码中创建了 `EmbeddedKafkaCluster` 实例作为在类中运行测试所需的 Kafka 集群。本示例的关键点是 `@ClassRule` 注解，对测试框架和 JUnit 的完整描述超出了本书的范围，但是我将在这里花点儿时间讲解 `@ClassRule` 注解的重要性以及它是如何驱动测试的。

2. JUnit 的规则

JUnit 引入规则的概念应用于一些通用逻辑的 JUnit 测试，这里从 GitHub 官网上得到一个对 JUnit 规则的简短定义：“规则允许非常灵活地添加或重新定义测试类中每个测试方法的行为。”

JUnit 提供了 3 种类型的规则，其中 `EmbeddedKafkaCluster` 类使用的是 `ExternalResource` 规则。`ExternalResource` 规则用来创建和拆卸外部资源，例如测试所需的 `EmbeddedKafka Cluster`。

JUnit 提供的 `ExternalResource` 类有两个无操作方法——`before()` 和 `after()`。任何 `ExternalResource` 的扩展类都必须覆盖 `before()` 方法和 `after()` 方法，通过这两个方法来创建和拆卸测试所需的外部资源。

规则为在测试中使用外部资源提供了很好的抽象。在创建 `ExternalResource` 的扩展类之后，你需要做的就是在测试中创建一个变量，并使用 `@Rule` 和 `@ClassRule` 注解，所有的创建和拆卸方法将会被自动执行。

注解 `@Rule` 和 `@ClassRule` 的区别在于调用 `before()` 和 `after()` 方法的频率。注解 `@Rule`

在测试类中的每个单独测试执行时都会执行 `before()` 和 `after()` 方法。注解 `@ClassRule` 只会执行一次 `before()` 和 `after()` 方法，在任何测试执行之前执行 `before()` 方法，在测试类中的最后一个测试完成时调用 `after()` 方法。创建一个 `EmbeddedKafkaCluster` 实例是相对资源密集的，所以在每个测试类中只创建一次 `EmbeddedKafkaCluster` 实例是有道理的。

让我们回到构建集成测试上来。我们已经创建了一个 `EmbeddedKafkaCluster` 实例，因此下一步是创建测试最初需要的任何主题。

3. 创建主题

现在嵌入式 Kafka 集群可用了，就可以使用该集群来创建主题，如代码清单 8-9 所示（完整代码见 src/java/bbejeck/chapter_3/KafkaStreamsYellingIntegrationTest.java）。

代码清单 8-9　创建用于测试的主题

```
@BeforeClass                                          ←———— BeforeClass 注解
public static void setUpAll() throws Exception {
    EMBEDDED_KAFKA.createTopic(YELL_A_TOPIC);   ←—————————— 创建第一个源主题
    EMBEDDED_KAFKA.createTopic(OUT_TOPIC);   ←——
}                                                  创建用于
                                                   输出的主题
```

为测试创建的主题在所有测试中只需要做一次，因此使用 `@BeforeClass` 注解，使在执行任何测试之前先创建所需的主题。对于这个测试，只需要具有 1 个分区和复制因子为 1 的主题，所以可以使用简便的 `EmbeddedKafkaCluster.createTopic(String name)` 方法。如果需要多于 1 个的分区、复制因子大于 1 而需要不同于默认配置的配置，则可以使用 `createTopic` 方法的以下两个重载方法之一：

- `EmbeddedKafkaCluster.createTopic(String topic, int partitions, int replication)`；
- `EmbeddedKafkaCluster.createTopic(String topic, int partitions, int replication, Properties topicConfig)`。

运行嵌入式 Kafka 集群所需的所有组件就绪之后，让我们继续使用嵌入式代理测试拓扑。

4. 测试拓扑

所有的组件都准备就绪了，现在可以按照以下步骤执行集成测试了。

（1）启动 Kafka Streams 应用程序。

（2）向源主题写入一些记录，并断言正确的结果。

（3）创建一个与模式匹配的新主题。

（4）向新创建的主题写入一些额外的记录，并断言正确的结果。

让我们从前两部分开始测试，如代码清单 8-10 所示（完整代码见 src/java/bbejeck/chapter_3/KafkaStreamYellingIntegrationTest.java）。

```
代码清单 8-10  启动应用程序并断言第一组数值
// some setup code left out for clarity

kafkaStreams = new KafkaStreams(streamsBuilder.build(), streamsConfig);
kafkaStreams.start();                          ← 启动 Kafka Streams
                                                 应用程序
List<String> valuesToSendList =                              指定要发送的
➡ Arrays.asList("this", "should", "yell", "at", "you");  ← 值的列表
List<String> expectedValuesList =
➡ valuesToSendList.stream()
                    .map(String::toUpperCase)              创建期望值的
                    .collect(Collectors.toList());     ← 列表

IntegrationTestUtils.produceValuesSynchronously(YELL_A_TOPIC,
                                                 valuesToSendList,
                                                 producerConfig,
                                                 mockTime);
int expectedNumberOfRecords = 5;
List<String> actualValues =                              从 Kafka
➡ IntegrationTestUtils.waitUntilMinValuesRecordsReceived(  消费记录
➡ consumerConfig, OUT_TOPIC, expectedNumberOfRecords);  ←

assertThat(actualValues, equalTo(expectedValuesList));  ←  断言读取到的
                                                            值与期望值相等
将值发送到嵌入式 Kafka 集群
```

代码清单 8-10 中的测试代码是相当标准的测试代码，通过向源主题写入记录来"播种"流式应用程序。流式应用程序已经在运行了，因此消费、处理和写入记录是其标准处理的一部分。为了验证应用程序的执行情况是否和期望一致，测试程序从接收器节点主题消费记录，并将其期望值与实际值进行比较。

在代码清单 8-10 结尾有两个静态工具方法，即 `IntegrationTestUtils.produce ValuesSynchronously` 方法和 `IntegrationTestUtils.waitUntilMinValuesRecords Received` 方法，这两个方法使集成测试的构建更加易于管理。这些用于生产和消费的工具方法是 kafka-streams-test.jar 的一部分，下面对这两个方法进行简要介绍。

5．在测试中生产和消费记录

`IntegrationTestUtils.produceValuesSynchronously` 方法为集合中的每一项创建一个键为空的 `ProducerRecord` 对象。该方法是同步的，当从 `Producer.send` 方法调用获取到 `Future<RecordMetadata>`对象的结果时就立即调用 `Future.get()`方法，该方法会一直阻塞直到发送消息的请求返回。因为该方法同步发送记录，所以一旦此方法返回，那么这些记录就可以被消费了。另外一个方法是 `IntegrationTestUtils.produceKeyValues Synchronously`，如果想为键指定一个值，那么该方法接收一个 `KeyValue<K, V>`集合参数。

在代码清单 8-10 中，为了消费记录，使用了 `IntegrationTestUtils.waitUntilMin ValuesRecordsReceived` 方法。从名字可以猜出来，该方法将尝试从给定的主题中消费预期数量的记录。默认情况下，该方法将等待 30 秒，如果在 30 秒内没有消费预期数量的记录，则将会抛出 `AssertionError`，测试失败。

如果要处理的是被消费的 `KeyValue` 而不只是值的话，有一个 `IntegrationTestUtils. waitUnitMinKeyValueRecordsReceived` 方法，该方法与 `IntegrationTestUtils. waitUntilMinValuesRecordsReceived` 方法的原理相同，但返回的是 `KeyValue` 结果的集合。此外，该方法还有消费实用程序的重载版本，可以通过一个 `long` 型参数指定一个自定义的等待时间。

对本测试的相关介绍就到此结束。

6. 动态添加主题

在测试中，你需要一个存活的 Kafka 代理来测试动态行为，测试的前一部分是为了验证起点。现在，将使用 `EmbeddedKafkaCluster` 来创建一个新主题，并测试应用程序是否能够从新主题消费记录，同时按照预期处理记录，如代码清单 8-11 所示（完整代码见 src/java/bbejeck/chapter_3/ KafkaStreamsYellingIntegrationTest.java）。

代码清单 8-11 启动应用程序并断言数值

```
EMBEDDED_KAFKA.createTopic(YELL_B_TOPIC);                  ← 创建新主题

valuesToSendList = Arrays.asList("yell", "at", "you", "too");   ← 指定要发送
                                                                    的值列表

expectedValuesList = valuesToSendList.stream()
                              .map(String::toUpperCase)       ← 创建期
                              .collect(Collectors.toList());      望值

IntegrationTestUtils.produceValuesSynchronously(YELL_B_TOPIC,
                                        valuesToSendList,
                                        producerConfig,
                                        mockTime);
expectedNumberOfRecords = 4;                                   消费流式
List<String>; actualValues =                                   应用程序
➥  IntegrationTestUtils.waitUntilMinValuesRecordsReceived(     的结果
➥  consumerConfig, OUT_TOPIC, expectedNumberOfRecords);

assertThat(actualValues, equalTo(expectedValuesList));      ← 断言期望值与
将产生的值发送到流式                                              真实值相匹配
应用程序的源主题
```

创建一个与流式应用程序的源节点模式相匹配的新主题。然后，经由相同的步骤向新主题填充数据，并从该主题消费记录输出到流式应用程序的接收器节点。在测试结束时，验证消费的结

果是否与期望的结果相匹配。

你可以在 IDE 中运行这个测试，你将会看到一个成功的结果。至此，你已完成了第一个集成测试！

可能你并不想全都使用集成测试，因为单元测试更易于编写和维护。但是，当集成测试是验证代码与存活的 Kafka 代理一起运行的行为是唯一的方式时，集成测试就必不可少了。

注意　所有测试都使用 EmbeddedKafkaCluster 可能很诱人，但最好不要这样做。如果你运行刚才构建的集成测试示例，就会发现它与单元测试相比运行花费的时间更长。一个测试多花几秒看起来似乎并不算多，但是当将这个时间与几百上千或更多数量的测试相乘时，运行测试套件所花费的时间就相当长了。此外，应该始终努力将测试保持在较小的范围内，并集中于特定的功能部分，而不是将应用程序的所有部分链接在一起。

8.3　小结

- 应该尽量将业务逻辑保持在独立类中，这些类完全独立于 Kafka Streams 应用程序，这使得它们易于进行单元测试。
- 使用 ProcessorTopologyTestDriver 至少对拓扑进行一次端到端的测试是很有用的，这种测试不需要使用 Kafka 的代理，因此运行很快，并且可以看到端到端的结果。
- 对单个处理器或转换器实例测试时，仅在需要验证 Kafka Streams API 一些类的行为时才尽力使用模拟对象框架。
- 谨慎使用 EmbeddedKafkaCluster 进行集成测试，除非只有与一个存活的、正在运行的 Kafka 代理才能验证交互行为时。

这是一个有趣的旅程，你已经学习了很多有关 Kafka Streams API 的内容，以及如何使用它们来处理数据处理方面的需求。因此，为了总结你的学习路线，我们现在将完成从学生到大师的转换。本书下一章也是最后一章将是一个压轴项目，该项目基于目前为止你从本书学到的所有内容，并且在某些情况下扩展到编写一些 Kafka Streams API 中不存在的、自定义的代码，其结果将是一个使用本书所呈现的核心功能实现的端到端的实时应用程序。

第四部分

Kafka Streams 进阶

在最后一部分，将会应用前面介绍的知识构建一个高级应用程序。将会集成 Kafka Streams 和 Kafka Connect，这样即使数据被写入关系型数据库也同样可以对数据进行流式处理。然后，将介绍如何使用交互式查询的强大功能直接从 Kafka Streams 查询应用程序正在构建的实时信息并展现出来，而不需要其他外部工具。最后，将会介绍由 Confluent（由 LinkedIn 公司 Kafka 的原始开发者创办的）公司引入的新工具 KSQL，并介绍如何编写 SQL 语句，以及如何对传入 Kafka 的数据进行连续查询。

第 9 章 Kafka Streams 的高级应用

本章主要内容
- 使用 Kafka Connect 将外部数据集成到 Kafka Streams 中。
- 使用交互式查询替代数据库。
- KSQL 在 Kafka 中连续查询。

在学习如何使用 Kafka Streams 的过程中，我们已经走了很长的路。我们已经介绍了很多基础知识，你现在应该知道如何构建流式应用程序。到目前为止，你已经掌握了 Kafka Streams 的核心功能，但还有更多的内容你需要了解。在本章中，我们将使用学到的知识来构建两个高级应用程序，进而了解如何使用 Kafka Streams 在真实环境下工作。

例如，在许多组织中，新技术在引入时，必须能够与遗留的技术或流程相匹配。将数据库表作为传入数据的主接收器的情况并不少见。在第 5 章中已经了解到表即是流，因此你应该能够将数据库表视为数据流。

本章第一个高级应用程序通过将 Kafka Streams 与 Kafka Connect 集成，把一个物理数据库"转换"为一个流式应用程序。Kafka Connect 将监听该数据库表中新插入的记录，并将这些记录写入 Kafka 的主题中。该主题将作为 Kafka Streams 应用程序的源主题，这样你就可以将数据库表转换为一个流式应用程序了。

当你使用现有的应用程序时，即使数据是实时抓取的，通常也是先将数据转储到数据库中，作为仪表板应用程序的数据源。在本章第二个高级应用程序中，你将会看到如何使用交互式查询直接查询 Kafka Streams 应用程序的状态存储。然后，仪表板应用程序可以直接从状态存储中提取数据，并按数据流经流式应用程序的原样显示，消除了对数据库的依赖。

我们将通过 Kafka 中的一个功能强大的新特性——KSQL 来结束对 Kafka 高级特性的介绍。KSQL 允许对传入 Kafka 的数据编写长时间运行的 SQL 查询，它提供了通过轻松编写 SQL 查询来使用的 Kafka Streams 所有强大功能。当使用 KSQL 时，其底层使用 Kafka Streams 来完成工作。

9.1 将 Kafka 与其他数据源集成

对于第一个高级应用程序示例，假设你在一个名叫"Big Short Equity"（BSE）的金融服务公司工作。BSE 希望将其现有数据迁移到新技术实现的系统中，该计划包括使用 Kafka。数据迁移了一半，你被要求去更新公司的分析系统，其目的是实时显示最新的股票交易和与之关联的相关信息，对于这种应用场景 Kafka Streams 非常适合。

BSE 专注于提供金融市场不同领域的基金，该公司将基金交易实时记录在关系型数据库中。BSE 计划最终将交易直接写入 Kafka，但是在短期内，数据库依然是记录系统。

假设传入的数据被插入关系型数据库中，那么如何缩小数据库与新兴的 Kafka Streams 应用程序之间的差距呢？答案是使用 Kafka Connect，它是 Apache Kafka 的一部分，是将 Kafka 与其他系统集成的框架。一旦 Kafka 有数据，你将不再关心源数据的位置，而只需将 Kafka Streams 应用程序指向源主题，就像其他 Kafka Streams 应用程序一样处理。

注意　当使用 Kafka Connect 从其他源获取数据时，集成点就是 Kafka 的主题。这意味着任何使用 `KafkaConsumer` 的应用程序都可以使用导入的数据。由于这是一本关于 Kafka Streams 的书籍，因此着重介绍如何将 Kafka Connect 与 Kafka Streams 应用程序集成。

图 9-1 展示了数据库与 Kafka 之间的集成是如何实现的。在本例中，将使用 Kafka Connect 来监控数据库表和流更新，并将它们写入 Kafka 主题，该主题是金融分析应用程序的源。

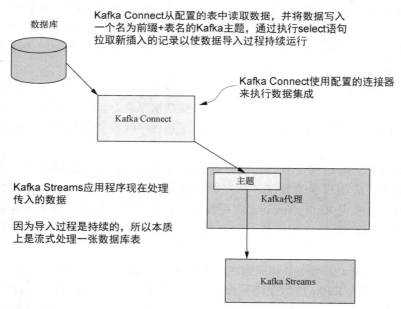

图 9-1　Kafka Connect 与数据库表和 Kafka Streams 集成

提示　因为这是一本关于 Kafka Streams 的书，所以对 Kafka Connect 相关内容采用的是简要介绍。要了解 Kafka Connect 更深入的信息，请参考 Apache Kafka 的文档，以及 Kafka Connect 快速入门。

9.1.1　使用 Kafka Connect 集成数据

Kafka Connect 设计的目的是将数据从其他系统流入 Kafka，以及将数据从 Kafka 流入另一个数据存储应用程序，例如 MongoDB 或 Elasticsearch。使用 Kafka Connect 可以将整个数据库导入 Kafka，或者其他数据，如性能指标。

Kafka Connect 使用特定的连接器与外部数据源交互，几种可用的连接器参考 Confluent 官网。很多连接器都是由连接器社区开发的，使得 Kafka 几乎可以与其他任何存储系统进行集成。如果没有你想要的连接器，那么你可以自己实现一个。

9.1.2　配置 Kafka Connect

Kafka Connect 有两种运行模式，即分布式模式和独立模式。对于大多数生产环境，以分布式模式运行是有意义的，因为当运行多个连接器实例时可以利用其并行性和容错性。这里，我们假设你在本机运行示例，因此所有的配置都是基于独立模式的。

Kafka Connect 用来与外部数据源交互的连接器有两种类型，即源连接器（source connector）和接收器连接器（sink connector）。图 9-2 演示了 Kafka Connect 如何使用这两种类型的连接器，正如所看到的，源连接器将数据写入 Kafka，而接收器连接器从 Kafka 接收数据供其他系统使用。

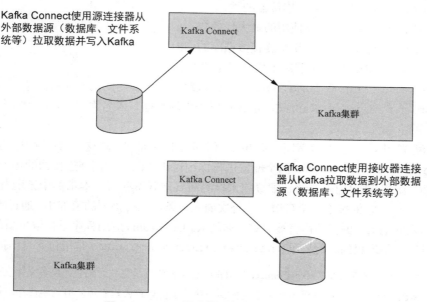

图 9-2　Kafka 源连接器与接收器连接器

对于本例，将使用 Kafka JDBC 连接器。该连接器可以在 GitHub 官网上找到，为了方便我将该连接器打包在本书的源代码中。

使用 Kafka Connect 时，你需要对 Kafka Connect 自身以及用于导入或导出数据的单个连接器做少量配置。首先，让我们来看一下要用到的 Kafka Connect 的配置参数。

- `bootstrap.servers`——Kafka Connect 使用的 Kafka 代理列表，多个代理之间以逗号隔开。
- `key.converter`——类转换器，该转换器控制消息的键从 Kafka Connect 格式到写入 Kafka 的格式的序列化。
- `value.converter`——类转换器，该转换器控制消息的值由 Kafka Connect 格式到写入 Kafka 的格式的序列化。例如，可以使用内置的 `org.apache.kafka.connect.json.JsonConverter`。
- `value.converter.schemas.enable`——`true` 或者 `false`，指定 Kafka Connect 是否包含值的模式。对于本例，将其值设置为 `false`，在下一节再解释这样设置的原因。
- `plugin.path`——告诉 Kafka Connect 所使用的连接器及其依赖项的位置。此位置可以是单个、包含一个 JAR 文件或多个 JAR 文件的顶级目录。也可以提供多条路径，这些路径由逗号分隔的位置列表表示。
- `offset.storage.file.filename`——包含 Kafka Connect 的消费者存储的偏移量的文件。

还需要为 JDBC 连接器提供一些配置，这些配置参数说明如下。

- `name`——连接器的名称。
- `connector.class`——连接器的类。
- `tasks.max`——连接器使用的最大任务数。
- `connection.url`——用于连接数据库的 URL。
- `mode`——JDBC 源连接器用于检测变化的方法。
- `incrementing.column.name`——被跟踪的用于检测变化的列名。
- `topic.prefix`——Kafka Connect 将每张表的数据写入名为 "`topic.prefix`+表名" 的主题。

这些配置中的大多数都很简单，但我们仍需要对这些配置中的 `mode` 和 `incrementing.column.name` 两个配置进行详细讨论，因为它们在连接器的运行中起着积极作用。JDBC 源连接器使用 `mode` 配置项来检测需要加载哪些行。本示例中该配置项被设置为 `incrementing`，它依赖于一个自增列，每次插入一条记录时该列的值加 1。通过跟踪递增列，只拉取新插入的记录，更新操作将被忽略。你的 Kafka Streams 应用程序只拉取最新的股票购买，因此这种设置是很理想的。配置项 `incrementing.column.name` 是指包含自增值的列名。

提示　本书的源代码包含 Kafka Connect 和 JDBC 连接器的近乎完整的配置，配置文件位于本书源代码的 src/main/resources 目录下。你需要提供一些关于提取源代码资源库路径的信息，仔细阅读 README.md 文件中的详细说明。

对 Kafka Connect 和 JDBC 源连接器的概述性介绍就到此结束。还有一个集成点需要介绍，我们将在下一节进行讨论。

注意　可以在 Confluent 文档中找到关于 JDBC 源连接器的更多信息。此外，还可以看到其他增量查询模式。

9.1.3　转换数据

在获得这个任务之前，你已经使用类似的数据开发了一个 Kafka Streams 应用程序，因此已经有了现成的模型和 Serde 对象（底层使用 Gson 进行 JSON 的序列化与反序列化）。为了保持较快的开发速度，你不希望编写任何新的代码来支持使用 Kafka Connect。正如从下一节所看到的，你将能够从 Kafka Connect 中无缝导入数据。

提示　Gson 是一个由谷歌公司开发的 Apache 授权库，用于将 Java 对象序列化为 JSON 以及将 JSON 反序列化为 Java 对象。你可以从用户指南中了解更多。

为了实现这种无缝集成，需要对 JDBC 连接器的属性做一些较小的额外配置变更。在修改之前，让我们回顾一下 9.1.2 节介绍的配置项。具体来讲，在前面我说过使用 org.apache.kafka.connect.json.JsonConverter，并将模式禁用[①]，值就会被转换为简单的 JSON 格式。

尽管 JSON 是你想在 Kafka Streams 应用程序中使用的，但存在以下两个问题。

第一，当将数据转换为 JSON 格式时，列名将是转换后的 JSON 字符串字段的名称，这些名称都是 BSE 内部缩写的格式，在公司外部没有任何意义。因此当 Gson serde 从 JSON 转换到期望的模型对象时，该对象的所有字段均为空，因为 JSON 字符串中的字段名与该对象的字段名不匹配。

第二，和预期一样，存储在数据库中的日期和时间是时间戳类型的，但是所提供的 Gson serde 并没有为 Date 类型定义一个自定义的 TypeAdapter，因此所有日期都需要转换为格式类似 yyyy-MM-dd'T'HH:mm:ss.SSS-0400 的字符串。幸运的是，Kafka Connect 提供了一种机制，能够很轻松地解决这两个问题。

Kafka Connect 有转换的设计思想，允许在 Kafka Connect 将数据写入 Kafka 之前对数据做一些轻量的转换。图 9-3 展示了这个转换过程发生的地方。

本示例中，将使用两个内置的转换操作类，即 TimestampConvert 和 ReplaceField。如前所述，要使用这些转换类，需要在 connector-jdbc.properties 配置文件中添加代码清单 9-1 所示的几行配置（完整代码见 src/main/resources/conf/connector-jdbc.properties）。

[①] 是指将配置项 value.converter.schemas.enable 设置为 false。　——译者注

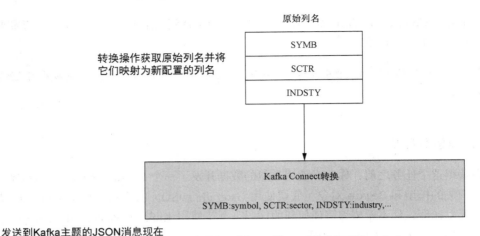

图 9-3   转换列的名称以匹配期望的字段名称

代码清单 9-1   JDBC 连接器属性

待转换的日期字段   转换器的别名   日期转换器 ConvetDate
                                                                     的别名的类型

```
transforms = ConvertDate,Rename
transforms.ConvertDate.type =
   org.apache.kafka.connect.transforms.TimestampConverter$Value
transforms.ConvertDate.field = TXNTS
transforms.ConvertDate.target.type = string
transforms.ConvertDate.format = yyyy-MM-dd'T'HH:mm:ss.SSS-0400
transforms.Rename.type =
   org.apache.kafka.connect.transforms.ReplaceField$Value
transforms.Rename.renames = SMBL:symbol, SCTR:sector,...
```

重命名转换器 Rename 的   需要替换的列名列表（清晰起见省略了部分字   日期的格式
别名的类型   段），格式为"列原名称：待替换的名称"

日期字段转换后的输出类型

这些属性是相对自描述性的，因此我们不必在它们上面花太多时间。如你所见，它们恰好提供了你需要 Kafka Streams 应用程序提供的对于由 Kafka Connect 和 JDBC 连接器导入 Kafka 的消息成功进行反序列化。

当所有 Kafka Connect 组件就绪之后，要完成数据库表与 Kafka Streams 应用程序的集成，只需使用具有 connector-jdbc.properties 文件中指定的前缀的主题，如代码清单 9-2 所示（完整代码见 src/main/java/bbejeck/chapter_9/StockCountsStreamsConnectIntegrationApplication.java）。

代码清单 9-2   用来自 Kafka Connect 的数据填充 Kafka Streams 源主题

```
Serde<StockTransaction> stockTransactionSerde =                StockTransaction 对象的序列化
   StreamsSerdes.StockTransactionSerde();                      和反序列化器
StreamsBuilder builder = new StreamsBuilder();
```

```
builder.stream("dbTxnTRANSACTIONS",
    Consumed.with(stringSerde,stockTransactionSerde))
    .peek((k, v)->
    LOG.info("transactions from database key {}value {}", k, v));
```

使用 Kafka Connect 写
入记录的主题作为流的源

将消息打印到控制台

此时，你正在使用 Kafka Streams 处理来自数据库表中的记录，但是还有更多的事情要做。你正在通过流式处理采集股票交易数据，为了分析这些交易数据，你需要按股票代码将交易数据进行分组。

我们已经知道了如何选择键并对记录重新分区，但如果记录在写入 Kafka 时带有键则效率更高，因为 Kafka Streams 应用程序可以跳过重新分区的步骤，这就节省了处理时间和磁盘空间。让我们再回顾一下 Kafka Connect 的配置。

首先，你可以添加一个 `ValueToKey` 转换器，该转换器根据所指定的字段名列表从记录的值中提取相应字段，以用于键。更新 connector-jdbc.properties 文件内容如代码清单 9-3 所示（完整代码见 src/main/resources/conf/connector-jdbc.properties）。

代码清单 9-3　更新 JDBC 连接器属性

```
transforms = ConvertDate,Rename,ExtractKey
transforms.ConvertDate.type =
    org.apache.kafka.connect.transforms.TimestampConverter$Value
transforms.ConvertDate.field = TXNTS
transforms.ConvertDate.target.type = string
transforms.ConvertDate.format = yyyy-MM-dd'T'HH:mm:ss.SSS-0400
transforms.Rename.type =
    org.apache.kafka.connect.transforms.ReplaceField$Value
transforms.Rename.renames = SMBL:symbol, SCTR:sector,…
transforms.ExtractKey.type =
    org.apache.kafka.connect.transforms.ValueToKey
transforms.ExtractKey.fields = symbol
```

增加 ExtractKey 转换器

指定 ExtractKey 转换器的类名

列出需要抽取的字段名以用作键的字段名

添加了一个别名为 `ExtractKey` 的转换器并通知 Kafka Connect 转换器对应的类名为 `ValueToKey`。同时提供用于键的字段名为 `symbol`，它可以由多个以逗号分隔的值组成，但本例只需要提供一个值。注意，这里的字段名是原字段重命名之后的版本，因为这个转换器是在重命名转换器转换之后才执行的。

`ExtractKey` 提取的字段结果是一个包含一个值的结构，但是你只想键对应的值即股票代码包括在结构中，为此可以添加一个 `FlattenStruct` 转换器将股票代码提取出来，如代码清单 9-4 所示（完整代码见 src/main/resources/conf/connector-jdbc.properties）。

代码清单 9-4　增加一个转换器

```
transforms = ConvertDate,Rename,ExtractKey,FlattenStruct
transforms.ConvertDate.type =
    org.apache.kafka.connect.transforms.TimestampConverter$Value
transforms.ConvertDate.field = TXNTS
```

增加最后一个转换器

```
transforms.ConvertDate.target.type = string
transforms.ConvertDate.format = yyyy-MM-dd'T'HH:mm:ss.SSS-0400
transforms.Rename.type =
➥ org.apache.kafka.connect.transforms.ReplaceField$Value
transforms.Rename.renames = SMBL:symbol, SCTR:sector,...
transforms.ExtractKey.type = org.apache.kafka.connect.transforms.ValueToKey
transforms.ExtractKey.fields = symbol
transforms.FlattenStruct.type =                            指定转换器对应的
➥ org.apache.kafka.connect.transforms.ExtractField$Key ←─  类（ExtractField$Key）
transforms.FlattenStruct.field = symbol ←──
                                      待抽取的字段
                                      名称
```

代码清单 9-4 中添加了最后一个别名为 `FlattenStruct` 的转换器，并指定该转换器对应的类型为 `ExtractField$Key` 类，**Kafka Connect** 使用该类来提取指定的字段，并且在结果中只包括该字段（在本例，该字段为键）。最后提供了字段名称，本例指定该名称为 `symbol`，和前一个转换器指定的字段一样，这样做是有意义的，因为这是用来创建键结构的字段。

只需要增加几行配置，就可以扩展之前的 **Kafka Streams** 应用程序以执行更高级的操作，而无须选择键并执行重新分区的步骤，如代码清单 9-5 所示（完整代码见 src/main/java/bbejeck/chapter_9/StockCountsStreamsConnectIntegrationApplication.java）。

代码清单 9-5　在 Kafka Streams 中通过 Kafka Connect 处理来自数据库表中的交易数据

```
Serde<StockTransaction> stockTransactionSerde =
➥ StreamsSerdes.StockTransactionSerde();
StreamsBuilder builder = new StreamsBuilder();
builder.stream("dbTxnTRANSACTIONS",
➥ Consumed.with(stringSerde, stockTransactionSerde))                按键分组
   .peek((k, v) ->
➥ LOG.info("transactions from database key {}value {}", k, v))      执行已售股份
   .groupByKey(                                                     总量的聚合
➥ Serialized.with(stringSerde,stockTransactionSerde))
   .aggregate(()->0L,(symb, stockTxn, numShares) ->
➥ numShares + stockTxn.getShares(),
                       Materialized.with(stringSerde, longSerde)).toStream(
   )
   .peek((k,v) -> LOG.info("Aggregated stock sales for {} {}",k, v))
   .to( "stock-counts", Produced.with(stringSerde, longSerde));
```

因为数据传入时就带有键，所以可以使用 `groupByKey`，它不会设置自动重新分区的标志位。通过分组操作，可以直接进行一个聚合操作而无须执行重新分区的步骤，这对性能至关重要。源代码中的 README.md 文件包含运行一个嵌入式 H2 数据库和 Kafka Connect 来为 dbTxnTRANSACTIONS 主题生成用于运行流式应用程序的数据的操作说明。

提示　虽然通过 Kafka Connect 将数据导入 Kafka 时使用转换操作来执行所有工作看起来很诱人，但请记住，这些转换必须是轻量级的。对于示例中所示的简单转换之外的任何转换，最好先将数据写入 Kafka，再使用 Kafka Streams 来完成重量级的转换工作。

你已经了解了如何使用 Kafka Connect 将数据导入 Kafka 并使用 Kafka Streams 进行处理，现在让我们将注意力转向如何实时查看数据的状态。

9.2 替代数据库

在第 4 章中，我们学习了如何向 Kafka Streams 应用程序添加本地状态。流式应用程序需要使用状态来执行类似聚合、归约和连接的操作，除非流式应用程序只处理单条记录，否则就需要本地状态。

回到 BSE 的需求，你已经开发了一个 Kafka Streams 应用程序，它获取股票交易的 3 类信息：

- 市场交易总额；
- 客户每次购买股票的数量；
- 在窗口大小为 10 秒的翻转窗口中，每支股票的总成交量。

到目前为止，在所有的示例中查看程序运行结果的方式有两种，一是通过控制台查看，二是从接收器主题中读取结果。在控制台查看数据适合开发环境，但控制台并不是展示结果的最佳方式。如果要做任何分析工作或者快速理解发生了什么，仪表板应用程序是最好的展现方式。

本节将会介绍如何在 Kafka Streams 中使用交互式查询来开发一个用于查看分析结果的仪表板应用程序，而不需要关系型数据库来保存状态。直接将 Kafka Streams 作为数据流提供给仪表板应用程序。因此，仪表板应用程序中的数据自然会不断更新。

在一个典型的架构中，捕获和操作的数据会被推送到关系型数据库中以用于查看。图 9-4 展示了这种架构：在使用 Kafka Streams 之前，通过 Kafka 摄取数据，并发送给一个分析引擎，然后分析引擎将处理结果写入数据库，以提供给仪表板应用程序使用。

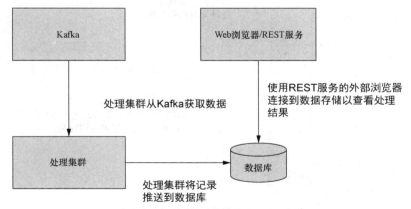

图 9-4　在使用 Kafka Streams 之前，用于查看已处理数据的应用程序的架构

如果增加 Kafka Streams，使用本地状态，那么图 9-4 所示的架构需要稍做修改，如图 9-5 所示。通过删除图 9-4 中的整个集群，可以显著简化架构（更不用说部署时更加易于管理）。Kafka

Streams 依然将数据写回 Kafka，并且数据库仍然是已转换数据的主要使用者。

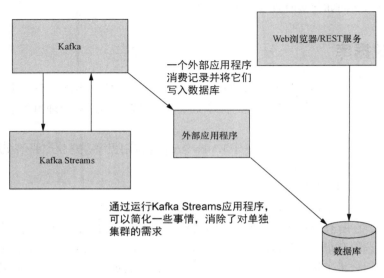

图 9-5　增加 Kafka Streams 及状态存储之后的架构

第 5 章讨论了交互式查询，让我们简要回顾一下这个定义：交互式查询让你能够直接查看在状态存储中的数据，而不必先从 Kafka 中消费这些数据，换句话说，流也成为数据库。

因为一张图胜过千言万语，所以让我们再看一看图 9-5，但是在此基础上做了调整以使用交互式查询，如图 9-6 所示。

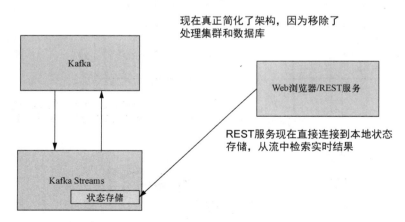

图 9-6　使用交互式查询的架构

图 9-6 演示的设计思想简单但功能强大。当状态存储保持流的状态时，Kafka Streams 通过

REST 风格的接口从流式应用程序外部提供只读访问。值得重申的是这个构想是多么强大：你可以查看流的运行状态而不需要一个外部数据库。

既然已经了解了交互式查询的影响，让我们看看它的工作原理。

9.2.1　交互式查询的工作原理

要使交互式查询生效，Kafka Streams 需要在只读包装器中公开状态存储。重点是要理解：虽然 Kafka Streams 让状态存储可以被查询，但并没有提供任何方式来更新和修改状态存储。Kafka Streams 通过 KafkaStreams.store 方法公开状态存储。

下面的代码片段是 store 方法的使用示例：

```
ReadOnlyWindowStore readOnlyStore =
    kafkaStreams.store(storeName, QueryableStoreTypes.windowStore());
```

该示例检索一个 WindowStore，QueryableStoreTypes 还提供另外两种类型的方法：

- QueryableStoreTypes.sessionStore();
- QueryableStoreTypes.keyValueStore()。

一旦有了对只读状态存储的引用，只需要将该状态存储公开给一个提供给用户查询流数据状态的服务即可（例如一个 REST 风格的服务）。但是检索状态存储只是整个构想的一部分，这里提取的状态存储将只包含本地存储中包含的键。

> **注意**　请记住，Kafka Streams 为每个任务分配一个状态存储，只要使用同一个应用程序 ID，Kafka Streams 应用程序就可以由多个实例组成。此外，这些实例并不需要都位于同一台主机上。因此，有可能你查询到的状态存储仅包含所有键的一个子集，其他状态存储（具有相同名称，但位于其他机器上）可能包含键的另一个子集。

让我们使用前面列出的分析来明确这个构想。

9.2.2　分配状态存储

先看看第一个分析：按市场板块聚合股票交易。因为要进行聚合，所以状态存储将发挥作用。你希望公开状态存储，以提供每个市场板块成交量的实时视图，以深入了解目前市场哪个板块最活跃。

股票市场活动产生大量的数据，但我们只讨论使用两个分区来保持示例的详细信息。另外，假设你在位于同一个数据中心的两台独立的机器上运行两个单线程实例，由于 Kafka Streams 的自动负载均衡功能，每个应用程序将有一个任务来处理来自输入主题的每个分区的数据。

图 9-7 展示了任务与状态存储的分配情况。正如你所看到的，实例 A 处理分区 0 上的所有记录，而实例 B 处理分区 1 上的所有记录。

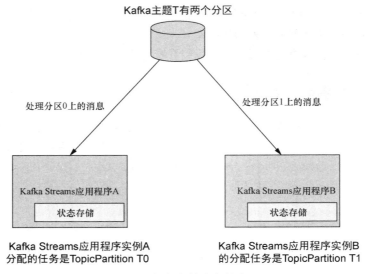

图 9-7　任务和状态存储分配

图 9-8 演示了当有两条记录分别以"Energy"和"Finance"作为键时所做的处理。

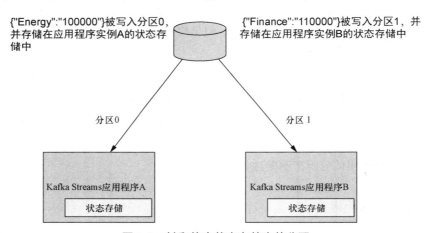

图 9-8　键和值在状态存储中的分配

"Energy":"100000"分配到实例 A 的状态存储中，"Finance":"1100000"分配到实例 B 的状态存储中。回到为了查询而公开状态存储的示例，可以清楚地看到，如果将实例 A 上的状态存储公开给 Web 服务或任何外部查询，则只能检索到"Energy"键对应的值。

如何解决这个问题呢？你肯定不想建立一个单独的 Web 服务来查询每个实例——这种方式扩展性差。幸运的是你不必这样做，Kafka Streams 提供了一种就像设置配置一样简单的解决方案。

9.2.3　创建和查找分布式状态存储

若要启用交互式查询,需要设置 `StreamsConfig.APPLICATION_SERVER_CONFIG` 参数,它包括 Kafka Streams 应用程序的主机名及查询服务将要监听的端口,格式为 `hostname:port`。

当一个 Kafka Streams 实例接收到给定键的查询时,需要找出该键是否被包含在本地状态存储中。更重要的是,如果在本地没找到,那么你希望找到哪个实例包含该键并查询该实例的状态存储。

`KafkaStreams` 对象的几个方法允许检索由 `APPLICATION_SERVER_CONFIG` 定义的、具有相同应用程序 ID 所有运行实例的信息。表 9-1 列出了这些方法名及其描述。

表 9-1　检索存储元数据的方法

方法名	参数	用途
`allMetadata`	无参数	检索所有实例,有些可能是远程实例
`allMetadataForStore`	存储的名称	检索包含指定存储的所有实例（有些是远程实例）
`allMetadataForKey`	键, `Serializer`	检索包含有键存储的所有实例（有些是远程实例）
`allMetadataForKey`	键, `StreamPartitioner`	检索包含有键存储的所有实例（有些是远程实例）

可以使用 `KafkaStreams.allMetadata` 方法获取有资格进行交互式查询的所有实例的信息。`KafkaStreams.allMetadataForKey` 方法是我在写交互式查询时最常用的方法。

接下来,让我们再看一下键/值在 Kafka Streams 实例中的分布,增加了检查键"Finance"过程的顺序,该键从另一个实例找到并返回（参见图 9-9 ）。每一个 Kafka Streams 实例都内置一个轻量的服务器,监听 `APPLICATION_SERVER_CONFIG` 中指定的端口。

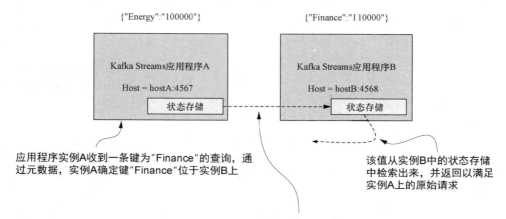

图 9-9　键和值的查找过程

需要重点指出的是：你只需要查询 Kafka Streams 某一个实例，至于查询哪一个实例并不重要（前提是你已经正确配置了应用程序）。通过使用 RPC 机制和元数据检索方法，如果查询的实例不包含待查询的数据，则该实例会找到数据所在的位置，并提取结果，然后将结果返回给原始查询。

通过跟踪图 9-9 中的调用流，你可以在实际操作中看到这一点。实例 A 并不包含键 "Finance"，但发现实例 B 包含该键，因此，实例 A 向实例 B 内置的服务器发起一次方法调用，该方法检索数据并将结果返回给原始的查询。

注意   交互式查询在单个节点上工作得很好，但并不提供 RPC 机制——需要你自己实现这种机制。本节提供了一种可能的解决方法，但是你可以随意地实现自己的处理方法，我相信你们中的大多数人都会想出更好的方法。另一个 RPC 实现的很好的例子位于 Confluent 托管在 GitHub 上的 kafka-stream- examples 项目。

现在我们来看看交互式查询的实际操作。

9.2.4   编写交互式查询

将要编写的交互式查询的应用程序与目前已实现的其他应用程序非常相似，只是在原来的基础上做了一些小改动。第一个不同之处在于，在启动 Kafka Streams 应用程序时，需要传入两个参数，即主机名和内置服务将要监听的端口，如代码清单 9-6 所示（完整代码见 src/main/java/ bbejeck/chapter_9/ StockPerformanceInteractiveQueryApplication.java ）。

代码清单 9-6   设置主机名和端口

```
public static void main(String[] args) throws Exception {

    if(args.length < 2){
    LOG.error("Need to specify host and port");
    System.exit(1);
    }

    String host = args[0];
    int port = Integer.parseInt(args[1]);
    final HostInfo hostInfo = new HostInfo(host, port);

    Properties properties = getProperties();
    properties.put(
    StreamsConfig.APPLICATION_SERVER_CONFIG,host+":"+port);
```

创建一个 HostInfo 对象，以便以后在应用程序中使用

设置用于启用交互式查询的配置

// 清晰起见，省略了细节

在此之前，你已经毫不犹豫地启动了应用程序。现在，需要提供两个参数（主机名和端口），但这种更改的影响微乎其微。

你还可以嵌入本地服务器以执行实际查询：对于这个实现，我选择使用 Spark Web 服务器。

（毕竟这是一本关于 Kafka Streams 的书，而不是关于 Spark 的书。）我使用 Spark Web 服务器的动机是由于它占用空间小、约定优于配置方式以及其建立的目的是用于构建微服务——微服务可以通过使用交互式查询提供。当然，如果你不喜欢 Spark Web 服务器，请随意替换为另一个 Web 服务器。

> **注意**　我想大多数读者都熟悉术语微服务，但是我所看到的对微服务最好的定义来自微服务官方网站："微服务也称为微服务体系架构，是一种体系架构风格，它将应用程序构建为松耦合的服务集合，这些服务实现业务功能。微服务体系架构支持大型、复杂的应用程序的持续交付/部署。它还使组织机构能够发展其技术栈。"

现在，让我们看一下嵌入 Spark 服务器的代码，以及一些用于管理 Spark 服务器的代码，如代码清单 9-7 所示（完整代码见 src/main/java/bbejeck/chapter_9/StockPerformanceInteractiveQuery Application.java）。

代码清单 9-7　初始化 Web 服务器并设置其状态

添加一个状态监听器（StateListener），直到准备就绪时再启用对状态存储的查询

创建一个嵌入式的 Web 服务器（实际上是一个包装类）

```
// 清晰起见，省略了细节

KafkaStreams kafkaStreams = new KafkaStreams(builder.build(), streamsConfig);
InteractiveQueryServer queryServer =
➥ new InteractiveQueryServer(kafkaStreams, hostInfo);
queryServer.init();

kafkaStreams.setStateListener(((newState, oldState) -> {
    if (newState == KafkaStreams.State.RUNNING && oldState ==
➥ KafkaStreams.State.REBALANCING) {
        LOG.info("Setting the query server to ready");
        queryServer.setReady(true);
    } else if (newState != KafkaStreams.State.RUNNING) {
        LOG.info("State not RUNNING, disabling the query server");
        queryServer.setReady(false);
    }
}));

kafkaStreams.setUncaughtExceptionHandler((t, e) -> {
    LOG.error("Thread {} had a fatal error {}", t, e, e);
    shutdown(kafkaStreams, queryServer);
});

Runtime.getRuntime().addShutdownHook(new Thread(() -> {
    shutdown(kafkaStreams, queryServer);
}));
```

一旦 Kafka Streams 应用程序处于运行（RUNNING）状态，则启用对状态存储的查询。在非运行状态时则禁用查询

设置一个未捕获的异常处理器（UncaughtException Handler）来记录意外错误并关闭一切

添加一个关闭钩子，以在应用程序正常退出时关闭一切

在这段代码中，创建了一个 `InteractiveQueryServer` 实例，它是一个包装类，包含 Spark Web 服务器和管理 Web 服务调用以及启动和停止 Web 服务器的代码。

第 7 章讨论过使用状态监听器来通知一个 Kafka Streams 应用程序的各种状态，在这里可以看到这个监听器的有效使用。回想一下，当在运行交互式查询时，需要使用 `Streams Metadata` 实例来确定给定键的数据是否是正在处理查询的实例的本地数据。将查询服务器的状态设置为 `true`，仅当在应用程序处于运行状态时才允许访问所需要的元数据。

要记住的一个关键点是返回的元数据是由 Kafka Streams 应用程序组成的快照。在任何时候，你都可以伸缩应用程序。当这种情况发生时（或者，在其他任何合格事件发生时，如通过正则表达式来添加源节点的主题），Kafka Streams 应用程序经历再平衡阶段，可能会更改分区的分配。在本示例中，只有处于运行状态时才允许查询，但可以随意使用任何你认为合适的策略。

接下来是第 7 章中涉及的另一个例子：设置一个未捕获的异常处理器。在本示例中，将记录错误并关闭应用程序和查询服务器。因为这个应用程序无限期地运行，所以添加一个关闭钩子用来当停止示例时关闭所有程序。

既然已了解了如何实例化和启动服务，那么让我们继续讨论运行查询服务器的代码。

9.2.5　查询服务器内部

在实现 REST 风格的服务时，第一步是映射 URL 路径到要执行的正确方法，如代码清单 9-8 所示（完整代码见 src/main/java/bbejeck/webserver/InteractiveQueryServer.java）。

代码清单 9-8　将 URL 路径映射到方法

```
public void init() {
    LOG.info("Started the Interactive Query Web server");

    get("/kv/:store", (req, res) -> ready ?
fetchAllFromKeyValueStore(req.params()) :
STORES_NOT_ACCESSIBLE);
    get("/session/:store/:key", (req, res) -> ready ?
fetchFromSessionStore(req.params()) :
STORES_NOT_ACCESSIBLE);
    get("/window/:store/:key", (req, res) -> ready ?
fetchFromWindowStore(req.params()) :
STORES_NOT_ACCESSIBLE);
    get("/window/:store/:key/:from/:to",(req, res) -> ready ?
fetchFromWindowStore(req.params()) :
STORES_NOT_ACCESSIBLE);
}
```

映射以从一个普通的键/值存储中检索所有的值

映射以返回给定键的所有会话（从一个会话存储中）

没有指定时间的窗口存储的映射

指定时间区间的窗口存储的映射

这段代码突出显示了使用 Spark Web 服务器的决定：可以简明地将 URL 映射到一个 Java 8 的 lambda 表达式来处理请求。这些映射很简单，但请注意，从窗口存储中检索映射了两次，要从窗口存储中检索值需要指定一个时间区间。

在 URL 映射中，注意到对一个布尔值 ready 的检查，该值在状态监听器中设置。如果 ready 的值为 false，则不会尝试处理请求，并返回一条消息提示当前无法访问存储。这样做是有道理的，因为一个窗口存储是按时间分段的，而段的大小在创建存储时就已确定（5.3.2 节中介绍过窗口）。但在这里我"作弊"[①]了，我提供了一个方法，该方法只接受一个键和一个存储，并提供默认的时间区间，默认区间我们将在下一个例子中探讨。

注意　有个扩展 ReadOnlyWindowStore 的建议（KIP-205），提供一个 all() 方法，按键检索所有时间段，从而缓和了指定时间区间的需求。这个功能还没有实现，但是应该会包含在未来的版本中。

我们可以从窗口存储中检索数据作为介绍交互式查询服务如何工作的一个例子。尽管我们只介绍一个例子，但本书附带的源代码中包含运行所有类型的查询的操作说明。

1. 检查状态存储的位置

你应该还记得你需要收集 BSE 公司关于证券销售的各种指标，以分析股票交易数据。你决定首先跟踪个股的销售情况，保持窗口大小为 10 秒的窗口内的总成交量，以确定股票上涨或下跌的趋势。

使用下面的代码片段中的映射来介绍从查看请求到返回响应的例子：

```
get("/window/:store/:key", (req, res) -> ready ?
   fetchFromWindowStore(req.params()) : STORES_NOT_ACCESSIBLE);
```

为了帮助你记住在查询过程中所处的位置，我们使用图9-9作为路线图。你将从发送HTTP get 请求开始，请求 URL 为 http://localhost:4567/window/NumberSharesPerPeriod/XXXX，其中 XXXX 代表给定股票的股票代码，如代码清单 9-9 所示（完整代码见 src/main/java/bbejeck/webserver/InteractiveQueryServer.java）。

代码清单 9-9　映射请求并检查键的位置

```
private String fetchFromWindowStore(Map<String, String> params) {
    String store = params.get(STORE_PARAM);
    String key = params.get(KEY_PARAM);          ← 提取请求参数
    String fromStr = params.get(FROM_PARAM);
    String toStr = params.get(TO_PARAM);

    HostInfo storeHostInfo = getHostInfo(store, key);   ← 获取该键对应的主机信
                                                          息（HostInfo 对象）

    If (storeHostInfo.host().equals("unknown")){   ← 如果主机名是"unknown"，那
        return STORES_NOT_ACCESSIBLE;                么返回一条合适的信息
    }
```

[①] 这里说的作弊是指当调用时没有指定参数，该方法会设置一个默认值。　　——译者注

```
if (dataNotLocal(storeHostInfo)){
    LOG.info("{} located in state store on another instance", key);
    return fetchRemote(storeHostInfo,"window", params);
}
```

检查返回的主机名是否与此
实例的主机相匹配

该请求被映射到 `fetchFromWindowStore` 方法。该方法第一步是从请求参数 map 对象中取出存储名称和键（股票代码），并获取请求中的键对应的 `HostInfo` 对象，通过主机名来确定该键是位于此实例上还是远程实例上。

接下来，检查 Kafka Streams 实例是否正在进行初始化或者重新初始化，由 `host()` 方法是否返回 `unknown` 来标示。如果返回的是 `unknown`，那么将停止处理该请求并返回一条 `not accessible` 消息。

最后，检查主机名是否与当前实例的主机名相匹配。如果主机名不匹配，那么从包含键的实例获取数据并返回结果。

下面让我们看看如何检索和格式化结果，如代码清单 9-10 所示（完整代码见 src/main/java/bbejeck/webserver /InteractiveQueryServer.java）。

代码清单 9-10　检索和格式化结果

```
Instant instant = Instant.now();            获取当前时间，以
long now = instant.toEpochMilli();          毫秒为单位
long from = fromStr !=
 null ? Long.parseLong(fromStr) : now - 60000;
long to = toStr != null ? Long.parseLong(toStr) : now;

List<Integer> results = new ArrayList<>();

ReadOnlyWindowStore<String, Integer> readOnlyWindowStore =
 kafkaStreams.store(store,
 QueryableStoreTypes.windowStore());       检索 ReadOnlyWindowStore
try(WindowStoreIterator<Integer> iterator =
 readOnlyWindowStore.fetch(key, from , to)){   获取窗口片段
    while (iterator.hasNext()) {
        results.add(iterator.next().value);    建立响应
    }
}
return gson.toJson(results);    将结果转换为 JSON 格式并返回给请求者
}
```

设置窗口片段的起始时间。如果没有提供，则将一分钟前的时间作为起始时间

设置窗口片段的结束时间。如果没有提供，则取当前时间

在前面提到过，如果查询中没有提供时间区间参数，则将会在窗口存储查询时"作弊"。如果用户没有指定一个查询范围，默认情况下会返回从窗口存储中查询最近一分钟所得到的结果。因为已定义了一个 10 秒的窗口，所以会返回 6 个窗口的结果[1]。从存储中获取到窗口片段后，对它们进行迭代，构造建立一个响应，该响应表明在最近一分钟内每 10 秒股票的成交量。

---

[1] 默认查询区间是 1 分钟，也即 60 秒，当定义窗口大小为 10 秒时，则本次查询会得到 60/10 个窗口的数据，即 6 个窗口的结果。——译者注

2．运行交互式查询示例

要观察本示例的结果，需要执行以下 3 个命令。

- ./gradlew runProducerInteractiveQueries：生成示例所需要的数据。
- ./gradlew runInteractiveQueryApplicationOne：启动一个 Kafka Streams 应用程序，该应用程序对应 Hostinfo 的端口为 4567。
- ./gradlew runInteractiveQueryApplicationTwo：启动一个 Kafka Streams 应用程序，该应用程序对应 Hostinfo 的端口为 4568。

然后，在浏览器中访问 http://localhost:4568/window/NumberSharesPerPeriod/AEBB，点击刷新几次以查看不同的结果。这是本示例应用的几个公司的股票代码静态列表：AEBB, VABC, ALBC, EABC, BWBC, BNBC, MASH, BARX, WNBC, WKRP。

3．运行一个交互式查询的仪表板应用程序

一个更好的例子是一个迷你仪表板 Web 应用程序，它自动更新（通过 Ajax），并显示来自 4 个不同 Kafka Streams 聚合操作的结果。通过运行前一部分列出的命令，你已设置好了所有内容，现在在浏览器中访问 localhost:4568:/iq 或 localhost:4567/iq 运行仪表板应用程序。通过查看这两个实例，将会看到 Kafka Streams 的交互式查询如何从具有相同应用程序 ID 的所有实例中获取结果。源代码的 README 文件中有关于如何设置和启动仪表板应用程序的完整说明。

正如你通过观察 Web 应用程序看到的，在类似仪表板的应用程序中可以查看流的实时结果。以前，这类应用程序需要一个关系型数据库，但现在 Kafka Streams 提供了所需的信息。

对交互式查询就介绍到这里。下面将介绍 KSQL，它是由 Confluent（由原 LinkedIn 公司的 Kafka 原开发者创建的公司）最近发布的一款令人兴奋的新工具，允许你指定针对流入 Kafka 的记录进行长期查询，这个操作无须编写代码而是使用 SQL。

9.3　KSQL

假设你正在与 BSE 的业务分析师们一起工作。分析师们对你快速编写 Kafka Streams 应用程序来执行实时数据分析的能力感兴趣，这种兴趣会让你陷入困境。

你希望与分析师们一起工作，并根据他们的需求编写应用程序。但是你也有你的正常工作量，额外的工作让你很难跟上每件事的节奏。分析师们也知道他们带来的额外工作，但他们不会写程序，所以要依赖你将他们的分析编写代码实现出来。

这些分析师是关系型数据库方面的专家，因此他们很熟悉 SQL 查询。如果有什么方法可以让分析师们在 Kafka Streams 之上建立一个 SQL 层的话，则每个人的生产率都会提高。好了，现在有了。

在 2017 年 8 月，Confluent 推出了一个强大的流式处理新工具——KSQL。KSQL 是一款 Apache

Kafka 的流式 SQL 引擎，它提供了一个交互式 SQL 接口，你可以使用该接口编写功能强大的流式处理查询，而无须编写代码。KSQL 尤其擅长欺诈检测和实时应用程序。

注意　KSQL 是一个大话题，KSQL 自身的内容如果不够写成一本书，至少也得写上一两章，因此，这里我们仅对其进行简要介绍。幸运的是你已经学习了 KSQL 的核心概念，因为其底层使用的是 Kafka Streams。关于 KSQL 的更多信息，参见 KSQL 文档。

KSQL 提供可扩展的分布式流式处理，包括聚合、连接、窗口操作等。此外，与数据库或批处理系统上运行的 SQL 不同，KSQL 查询的结果是连续的。在开始编写流查询之间，让我们花一分钟时间来回顾一下 KSQL 的一些基础概念。

9.3.1　KSQL 流和表

事件流与更新流的概念在 5.1.3 节中讨论过。事件流是单个独立事件的无界流，而更新流是对具有相同键的以前记录更新的流。

KSQL 的概念类似于从流或表查询。流是一个无限系列的不可变的事件或事实，但在表上进行查询时，这些事实可以更新，甚至可以删除。

尽管有些术语不同，但概念非常相同。如果你熟悉 Kafka Streams，那么 KSQL 会让你有种宾至如归的感觉。

9.3.2　KSQL 架构

KSQL 底层使用 Kafka Streams 来构建和获取查询结果，它由两个组件构成：一个命令行界面（CLI）和一个服务器。标准 SQL 工具（如 MySQL、Oracle 甚至是 Hive）的使用者当使用 KSQL 编写查询时将会有种宾至如归的感觉。最重要的是 KSQL 是开源的（基于 Apache 许可证 2.0 版授权）。

命令行界面也是连接到 KSQL 服务器的客户端。KSQL 服务器负责处理从 Kafka 查询和检索数据，同时将结果写入 Kafka。

KSQL 有两种运行模式，即本地模式和分布式模式。本地模式用于原型设计和开发阶段，分布式模式当然用于更加真实的数据环境。图 9-10 展示了 KSQL 如何在本地模式下工作。正如你所看到的，KSQL CLI、REST 服务器以及 KSQL 引擎都位于同一个 Java 虚拟机（JVM）上，这种运行模式对于在笔记本电脑上运行是一种理想的模式。

现在，我们看一下 KSQL 的分布式模式，如图 9-11 所示。KSQL CLI 完全独立，它将连接到其中的一个远程 KSQL 服务器（在下一节再介绍启动和连接）。关键的一点是，尽管只是显式地连接到一个远程 KSQL 服务器，但是指向同一个 Kafka 集群的所有服务器将共享所提交的查询的工作负载。

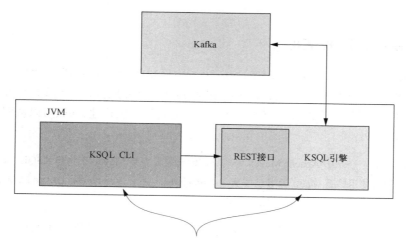

图 9-10   KSQL 的本地模式

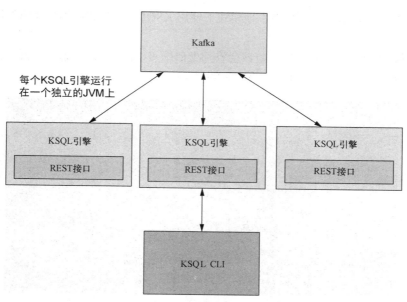

图 9-11   KSQL 的分布式模式

注意，KSQL 服务器使用 Kafka Streams 执行查询。这意味着如果你需要更多的处理能力，你可以使用另一个 KSQL 服务器，即使在操作期间也是如此（就像可以启动另一个 Kafka Streams 应用程序一样）。相反的情况也同样适用：如果容量过剩，可以停止任意数量的 KSQL 服务器，前提是至少要让一个 KSQL 服务器正常工作，否则，查询将停止运行。

接下来，我们看看如何安装和运行 KSQL。

9.3.3　安装和运行 KSQL

要安装 KSQL，首先需要执行 `git clone git@github.com:confluentinc/ksql.git` 命令克隆 KSQL 的资源库。然后执行 `cd` 命令进入 ksql 目录并执行 `mvn clean package` 命令来构建整个 KSQL 项目。如果没有安装 git 或者不想通过源代码构建，那么可以从网上下载 KSQL 的发行版。

> **提示**　KSQL 是一个基于 Apache Maven 的项目，因此需要安装 Maven 来构建 KSQL。如果没有安装 Maven，同时使用的是 Mac，并且已安装了 Homebrew，那么运行 `brew install maven` 来安装 Maven。否则，需要前往 Apache Maven 项目网站直接下载 Maven。

在进行下一步操作之前，请确定已处于 KSQL 项目的基目录下。下一步操作是以本地模式启动 KSQL，启动命令如下：

```
./bin/ksql-cli local
```

注意，虽然对于所有示例，将在本地模式下使用 KSQL，但是我们仍会介绍如何在分布式模式下运行 KSQL。

执行前面的命令之后，在控制台应该会看到类似图 9-12 所示的信息。恭喜，你已成功安装并启动了 KSQL！接下来，让我们开始编写一些查询。

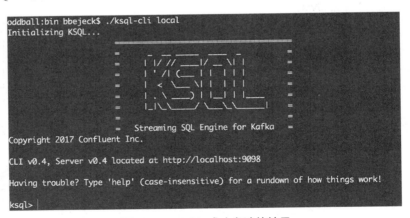

图 9-12　KSQL 成功启动的结果

9.3.4　创建一个 KSQL 流

回到 BSE 的工作，一位对你所编写的其中一个应用程序感兴趣的分析师联系你，希望对程序稍做一些调整。但是这个要求并没有带来更多的工作，你启动一个 KSQL 控制台，并让分析师自由地将你的应用程序重建为 SQL 语句。

需要转换的是来自查询示例中的最后一个窗口流示例，该示例源代码见 src/main/java/ bbejeck/chapter_9/StockPerformanceInteractiveQueryApplication.java 类的第 96 至 103 行。在该应用程序中，通过公司股票代码跟踪该股票每 10 秒卖出的股票数量。

你已经定义了主题（该主题映射一张数据库表），以及一个模型对象 StockTransaction，该对象的字段映射到数据库表的列。尽管已经定义了主题，但是还需要使用一条创建流（CREATE STREAM）语句向 KSQL 注册此信息，如代码清单 9-11 所示，该语句的完整代码见 src/main/ resources/ksql/create_stream.txt。

代码清单 9-11 创建流

使用 CREATE STREAM 语句创建一个名称为 stock_txn_stream 的流

```
CREATE STREAM stock_txn_stream (symbol VARCHAR, sector VARCHAR, \
    industry VARCHAR, shares BIGINT, sharePrice DOUBLE, \
    customerId VARCHAR, transactionTimestamp STRING, purchase BOOLEAN) \
    WITH (VALUE_FORMAT = 'JSON', KAFKA_TOPIC = 'stock-transactions');
```

指定数据格式，以及作为流的源的 Kafka 主题（这两个都是必需的参数）

将 StockTransaction 对象的字段注册为列名

通过这一条语句，就可以创建一个 KSQL 流实例，可以对其发起查询。WITH 子句有两个必需的参数，一个是告诉 KSQL 数据格式的 VALUE_FORMAT 参数，另一个是告诉 KSQL 从哪里拉取数据的 KAFKA_TOPIC 参数。在创建流时，还可以在 WITH 子句中使用其他两个参数。第一个参数是 TIMESTAMP，它将消息时间戳与 KSQL 流中的一个列关联起来。需要使用时间戳的操作，例如窗口操作，将使用此列来处理记录。另一个参数是 KEY，它将消息的键与流的某一列相关联。在本示例中，对于 stock-transaction 主题的消息，其键与 JSON 值的 symbol 字段相匹配，因此不需指定键。如果不是这样的话，就需要将键映射到一个指定列，因为总是需要一个键执行分组操作，在执行流 SQL 时会看到这一点。

提示 KSQL 命令 list topics 显示 KSQL CLI 指向的代理上的主题列表以及该主题是否已注册。

可以通过以下命令来查看所有流并验证 KSQL 是否按照预期创建了新的流：

```
show streams;
describe stock_txn_stream;
```

以上命令执行结果如图 9-13 所示。注意，KSQL 插入了两个额外的列，即 ROWTIME 和 ROWKEY。ROWTIME 列是放置在消息上的时间戳（来自生产者或代理），ROWKEY 列是消息的键（如果有的话）。

现在，让我们在这个流上运行查询。

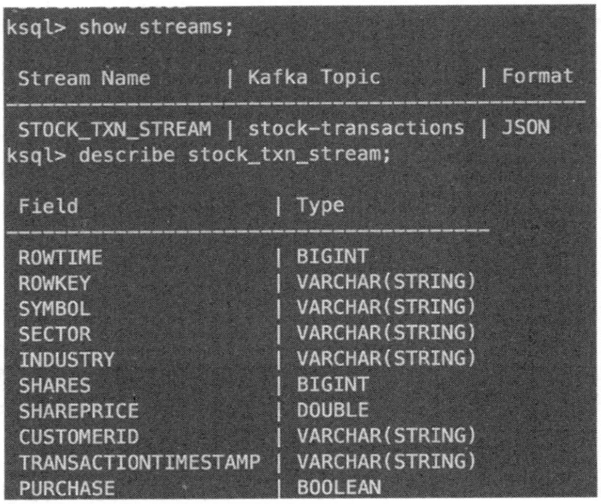

```
ksql> show streams;

 Stream Name       | Kafka Topic        | Format

 STOCK_TXN_STREAM  | stock-transactions | JSON
ksql> describe stock_txn_stream;

 Field                 | Type

 ROWTIME               | BIGINT
 ROWKEY                | VARCHAR(STRING)
 SYMBOL                | VARCHAR(STRING)
 SECTOR                | VARCHAR(STRING)
 INDUSTRY              | VARCHAR(STRING)
 SHARES                | BIGINT
 SHAREPRICE            | DOUBLE
 CUSTOMERID            | VARCHAR(STRING)
 TRANSACTIONTIMESTAMP  | VARCHAR(STRING)
 PURCHASE              | BOOLEAN
```

图 9-13　列出所有的流，并描述新创建的流

注意　你需要运行 `./gradlew runProducerInteractiveQueries` 来为 KSQL 示例提供数据。

9.3.5　编写 KSQL 查询

执行股票分析的 SQL 查询如下：

```
SELECT symbol, sum(shares) FROM stock_txn_stream
➡ WINDOW TUMBLING (SIZE 10 SECONDS) GROUP BY symbol;
```

运行以上查询语句，将会看到与图 9-14 类似的结果。左边的一列是股票代码，右边的一列数值表示最近 10 秒内该股票所交易的股票数量。该查询指定了一个窗口大小为 10 秒的翻转窗口，但是 KSQL 也支持我们在 5.3.2 节介绍的会话窗口和跳跃窗口。

你已经在不编写任何代码的情况下构建了一个流式应用程序——这是相当大的成果。为了便于比较，我们来看一下使用 Kafka Streams API 编写的相应程序，如代码清单 9-12 所示。

```
ITZL | 44694
KPAU | 52858
NSTR | 74110
ZERA | 97959
MONA | 29507
MESG | 43474
```

图 9-14　翻转窗口查询的结果

代码清单 9-12　用 Kafka Streams 编写的股票分析应用程序

```
KStream<String, StockTransaction> stockTransactionKStream =
➡ builder.stream(MockDataProducer.STOCK_TRANSACTIONS_TOPIC,
➡                 Consumed.with(stringSerde, stockTransactionSerde)
➡ .withOffsetResetPolicy(Topology.AutoOffsetReset.EARLIEST));

Aggregator<String, StockTransaction, Integer> sharesAggregator =
➡ (k, v, i) -> v.getShares() + i;

stockTransactionKStream.groupByKey()
```

```
.windowedBy(TimeWindows.of(10000))
.aggregate(() -> 0, sharesAggregator,
           Materialized.<String, Integer,
           WindowStore<Bytes,
           byte[]>>as("NumberSharesPerPeriod")
                 .withKeySerde(stringSerde)
                 .withValueSerde(Serdes.Integer())))
.toStream().
peek((k,v)->LOG.info("key is {} value is{}", k, v));
```

尽管 Kafka Streams API 很简洁，但与之等价的 KSQL 却是一行查询语句。在结束对 KSQL 介绍之前，让我们再讨论一下 KSQL 的一些其他特性。

9.3.6 创建一张 KSQL 表

到目前为止，我们已经演示了如何创建 KSQL 流。现在，让我们来看看如何使用大家熟悉的 `stock-transactions` 主题作为源来创建一张 KSQL 表，如代码清单 9-13 所示（创建表的语句位于 src/main/resources/ksql/create_table.txt）。

代码清单 9-13 创建一个 KSQL 表

```
CREATE TABLE stock_txn_table (symbol VARCHAR, sector VARCHAR, \
                             industry VARCHAR, shares BIGINT, \
                             sharePrice DOUBLE, \
                             customerId VARCHAR, transactionTimestamp \
                             STRING, purchase BOOLEAN) \
                             WITH (KEY='symbol', VALUE_FORMAT = 'JSON', \
                             KAFKA_TOPIC = 'stock-transactions');
```

一旦创建了表，就可以对它执行查询。记住，该表包含每支股票每笔交易的更新，因为写入 `stock-transactions` 主题的消息以股票代码作为键。

一个有用的实验是从流式股票表现查询中选择一支股票代码，然后在 KSQL 控制台执行以下查询，并注意输出的差异：

```
select * from stock_txn_stream where symbol='CCLU';
select * from stock_txn_table where symbol='CCLU';
```

第一条查询产生几条记录，因为它们是单个事件流。但是表查询的返回结果要少很多（一条记录，当我运行实验时）。这些结果与预期一致，因为表表示对事实的更新，而流表示一系列无界事件。

9.3.7 配置 KSQL

KSQL 提供了常见的 SQL 语法，以及快速编写功能强大的流式应用程序的能力，但是你可能已经注意到缺乏配置。但是这并不是说你不能配置 KSQL，你可以根据需要随意重写任何设置，可以为 Kafka Streams 应用程序设置任何流、消费者和生产者相关的配置。要查看当前设置的属性，运行 `show properties;`命令。

作为设置属性的例子，下面将介绍如何修改 `auto.offset.reset` 属性的值为 `earliest`，属性设置如下：

```
SET 'auto.offset.reset'='earliest';
```

这是在 KSQL shell 设置属性的方法。但是，如果需要设置多个配置，那么在控制台输入每个配置并不方便，因此可以在启动时指定一个配置文件，启动命令如下：

```
./bin/ksql-cli local --properties-file /path/to/configs.properties
```

这是 KSQL 相关内容的快速指南，但我希望你能看到它在 Kafka 上创建流式应用程序时所具有的强大功能和灵活性。

9.4 小结

- 通过使用 Kafka Connect，可以将其他数据源合并到 Kafka Streams 应用程序中。
- 交互式查询是一个强大的工具，它允许你在数据流经 Kafka Streams 应用程序时查看流中的数据，而不需要关系型数据库。
- KSQL 语言允许你快速构建功能强大的流式应用程序，而无须编写代码。KSQL 承诺提供 Kafka Streams 的强大功能和灵活性给非开发人员。

附录 A 　额外的配置信息

本附录涵盖了 Kafka Streams 应用程序常见的和不太常见的配置选项。在本书中，你已经看到了几个配置 Kafka Streams 应用程序的示例，但是这些配置通常只包括必需的配置项（如应用程序 ID、bootstrap）和少数其他配置（如键和值的序列化与反序列化器）。在本附录中将展示一些其他设置，这些设置虽然不是必需的，但是有助于保持 Kafka Streams 应用程序平稳运行。将以指导手册的方式呈现这些配置选项。

A.1　限制启动时再平衡的数量

在启动 Kafka Streams 应用程序时，如果有多个实例，第一个实例从代理上的组协调器（Group Coordinator）获取所分配的所有主题分区。如果再启动另一个实例，就会发生再平衡，删除当前的 TopicPartition 分配信息，并在两个 Kafka Streams 实例之间重新分配所有的 TopicPartition。重复这个过程，直到启动所有的具有相同应用程序 ID 的 Kafka Streams 应用程序为止。

这对一个 Kafka Streams 应用程序来说是常规操作。但在再平衡期间，将会暂停对记录的处理，直到完成再平衡。因此，如果可能的话，最好在启动时限制再平衡的数量。

随着 Kafka 0.11.0 的发布，引入了一个新的代理级别的配置 group.initial.rebalance.delay.ms。当有新消费者加入消费者组时，该配置会让最初的消费者从 GroupCoordinator 中再平衡延迟 group.initial.rebalance.delay.ms 配置中指定的时间，该配置默认值是 3 秒。当其他消费者加入消费者组时，再平衡操作根据配置的时长（最多不超过 poll.max.interval.ms 配置的值）继续延迟。这对 Kafka Streams 有利，因为当启动新实例时，再平衡会延迟到所有实例都上线为止（假设你正在一个接一个地启动它们）。例如，假设你启动 4 个实例，同时设置了适当的再平衡延迟时间，那么应该在 4 个实例都上线之后只进行一次再平衡操作——这意味着你可以更快地开始处理数据。

A.2　应对代理中断的能力

为了在代理失败的情况下保持 Kafka Streams 应用程序的弹性，下面是一些推荐的设置（如代码清单 A-1 所示)。
- 设置 Producer.NUM_ RETRIES 为 Integer.MAX_VALUE。
- 设置 Producer.REQUEST_TIMEOUT 为 305000 (5 分钟)。
- 设置 Producer.BLOCK_MS_CONFIG 为 Integer.MAX_VALUE。
- 设置 Consumer.MAX_POLL_CONFIG 为 Integer.MAX_VALUE。

代码清单 A-1　设置用于代理中断的弹性属性

```
Properties props = new Properties();
props.put(StreamsConfig.producerPrefix(
➥ ProducerConfig.RETRIES_CONFIG), Integer.MAX_VALUE);
props.put(StreamsConfig.producerPrefix(
➥ ProducerConfig.MAX_BLOCK_MS_CONFIG), Integer.MAX_VALUE);
props.put(StreamsConfig.REQUEST_TIMEOUT_MS_CONFIG, 305000);
props.put(StreamsConfig.consumerPrefix(
➥ ConsumerConfig.MAX_POLL_INTERVAL_MS_CONFIG), Integer.MAX_VALUE);
```

设置这些值应该有助于确保：如果 Kafka 集群中的所有代理都已关闭，那么 Kafka Streams 应用程序将保持不变，这样一旦代理重新上线之后它们就能准备好重新开始工作。

A.3　处理反序列化错误

Kafka 使用键和值的字节数组，同时当使用键和值时需要对它们进行反序列化，这就是为什么需要为所有源和接收器处理器提供序列化与反序列化器的原因。在数据处理时遇到一些异常数据并不意外，Kafka Streams 提供了配置项 default.deserialization.exception.handler 和 StreamsConfig.DEFAULT_DESERIALIZATION_EXCEPTION_HANDLER_CLASS_CONFIG 来指定如何处理反序列化时所发生的错误。

默认设置是 org.apache.kafka.streams.errors.LogAndFailExceptionHandler，顾名思义，记录错误日志。当发生反序列化异常时 Kafka Streams 应用程序实例将会失败 (关闭)。另外一个类是 org.apache.kafka.streams.errors.LogAndContinueExceptionHandler，记录错误日志，但 Kafka Streams 应用程序将继续运行。

可以通过创建一个类实现 DeserializationExceptionHandler 接口来实现你自己的反序列化异常处理器。代码清单 A-2 说明了如何指定反序列化异常处理器。

代码清单 A-2　设置一个反序列化处理器

```
Properties props = new Properties();
props.put(StreamsConfig.DEFAULT_DESERIALIZATION_EXCEPTION_HANDLER_CLASS_
➥ CONFIG, LogAndContinueExceptionHandler.class);
```

这里只展示了如何设置 LogAndContinueExceptionHandler 处理器，因为另一个版本的处理器是默认设置。

A.4 扩展应用程序

在本书中的所有示例中，Kafka Streams 应用程序都使用一个流线程运行。这对于开发来说很好，但在实际应用中很有可能需要运行多个流线程。至于使用多少个线程和多少个 Kafka Streams 实例的问题，没有具体的答案，因为只有在足够了解自己的情况下才能回答这些问题，但是我们可以回顾一些基本的计算来给你一些意见。

还记得在第 3 章中，Kafka Streams 为传入主题的每个分区创建了一个流任务。对于第一个示例，为了讨论的简单性，我们将考虑具有 12 个分区的单个输入主题。

有 12 个分区，Kafka Streams 就会创建 12 个任务。现在让我们假设每个任务对应一个线程。你也可以拥有一个具有 12 个线程的实例，但这种方式有个缺陷：如果承载 Kafka Streams 应用程序的机器宕机了，所有的流式处理都将停止。

但是如果每个实例都启动 4 个线程，那么每个实例将会处理 4 个输入分区。这种方式的好处是如果其中一个 Kafka Streams 实例停止运行，就会触发再平衡，那么停止运行的实例上的 4 个任务就会被分配给其他 2 个实例来完成，因此剩下的应用程序将分别处理 6 个任务。此外，当停止运行的实例恢复运行时，将再次进行再平衡，所有 3 个实例将又回到分别处理 4 个任务。

一个重要的注意事项是当在确定要创建的任务数量时，要知道 Kafka Streams 是从所有输入主题中获取最大分区数。如果有 1 个拥有 12 个分区的主题，那么最终就创建 12 个任务。但是如果源主题有 4 个，每个主题有 3 个分区，那么最终只需创建 3 个任务，每个任务负责处理 4 个分区。

请记住，超出任务数量的任何流线程都将处于空闲状态。回到拥有 3 个 Kafka Streams 实例的例子，如果你再创建一个有 4 个线程的第 4 个实例，那么在再平衡之后，在应用程序中将会有 4 个空闲的流线程（16 个线程，但是只有 12 个任务）。

这是我之前在本书中提到的 Kafka Streams 的一个重要组成部分，这种动态伸缩并不涉及让应用程序离线，而是自动发生。该特性很有用，因为如果数据是不均匀地流到应用程序，那么可以启动其他实例来处理负载，然后在流量降下来后再让一些实例下线。

每个任务都需要一个线程吗？也许，但很难说，因为这取决于应用的需求。

A.5 RocksDB 配置

对有状态的操作，Kafka Streams 在底层使用 RocksDB 作为持久化机制。RocksDB 是一种快速、高度可配置的键/值存储。有很多实现方式的具体建议，但 Kafka Streams 提供了一种用 RocksDBConfigSetter 接口覆盖默认设置的方法。

如果要自定义 RocksDB 的设置，需要创建一个类实现 RocksDBConfigSetter 接口，然后在配置 Kafka Streams 应用程序时通过 StreamsConfig.ROCKSDB_CONFIG_SETTER_

CLASS_CONFIG 配置项提供类名。至于 RocksDB 调优方面的内容，我建议大家阅读 RocksDB 的调优指南（RocksDB Tuning Guide）。

A.6   提前创建重新分区的主题

在 Kafka Streams 中，任何时候你执行一个可能会改变键映射的操作，如 transform 或 groupby，在 StreamBuilder 类中设置一个内部标志位用来标明是否需要进行重新分区。现在，执行一个 map 或 transform 操作并不会自动强制创建重新分区的主题和执行重新分区操作。但是，只要使用更新后的键进行操作，就会触发重新分区操作。

虽然这是一个必需的步骤（在第 4 章中已介绍过），但在某些情况下，提前将数据进行重新分区会更好，考虑以下（缩简后）例子：

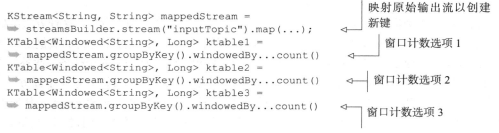

```
KStream<String, String> mappedStream =
   streamsBuilder.stream("inputTopic").map(...);       映射原始输出流以创建
                                                       新键
KTable<Windowed<String>, Long> ktable1 =
   mappedStream.groupByKey().windowedBy...count()      窗口计数选项 1
KTable<Windowed<String>, Long> ktable2 =
   mappedStream.groupByKey().windowedBy...count()      窗口计数选项 2
KTable<Windowed<String>, Long> ktable3 =
   mappedStream.groupByKey().windowedBy...count()      窗口计数选项 3
```

这里映射原始流以创建一个新键来分组。你想分别执行 3 个不同窗口选项的计数操作——一个合法的用例，但是由于映射到新的键，每个窗口计数操作都会创建一个新的重新分区主题。同样，由于更改了键，需要重新分区主题也是有道理的，但是当只需要一个重新分区主题时，有 3 个重新分区主题就会使数据重复。

解决这个问题的办法很简单：在调用 map 操作之后，立即使用一个 through 操作来对数据进行分区；然后，接下来的 groupByKey 调用不会触发重新分区，因为 groupByKey 操作符不会设置需要重新分区的标志位。下面是修正后的代码：

```
KStream<String, String> mappedStream =
   streamsBuilder.stream("inputTopic").map(...).through(...);
                                                       映射原始输入流
                                                       来创建一个新键，
                                                       并进行重新分区
```

通过手动添加 through 处理器和重新分区，就会只有一个重新分区的主题而不是 3 个。

A.7   配置内部主题

当构建拓扑时，根据所添加的处理器，Kafka Streams 会创建几个内部主题。这些内部主题可以是用于备份状态存储的变更日志或者重新分区主题。根据数据量，这些内部主题可能会占用大量的空间。此外，即使变更日志主题默认情况下在创建时会使用"compact"清除策略，但如果有很多唯一的键，那么这些压缩的主题也会逐渐增大。考虑到这一点，最好对内部主题进行配置以使其大小易于管理。

管理内部主题有两种方式。第一种方式是在创建状态存储时，可以使用方法 `StoreBuilder.withLoggingEnabled` 或 `Materialized.withLoggingEnabled` 直接提供配置，使用哪一个方法取决于如何创建状态存储。两个方法都接受一个包含主题属性的 `Map<String,String>` 类型参数。在源代码 src/main/java/bbejeck/chapter_7/CoGroupingListening ExampleApplication.java 类中有与之相关的例子。

管理内部主题的另一种方式是在配置 Kafka Streams 应用程序时为它们提供配置，代码片段如下：

```
Properties props = new Properties();
// 在这里设置其他属性
props.put(StreamsConfig.topicPrefix("retention.bytes"), 1024 * 1024);
props.put(StreamsConfig.topicPrefix("retention.ms"), 3600000);
```

当使用 `StreamsConfig.topicPrefix` 方式时，提供的设置是对所有内部主题全局适用的。创建状态存储时提供的任何设置将优先于 `StreamsConfig` 提供的设置。

对于使用哪种方式，我不能给你太多的建议，因为这取决于你特定的用例。但请注意，主题的默认大小是无限的，默认的保留时间是一周，所以你应该调整 `retention.bytes` 和 `retention.ms` 设置。此外，为了变更日志支持具有许多唯一键的状态存储，可以将 `cleanup.policy` 设置为 `compact,delete`，以确保主题大小保持在可管理的范围。

A.8 重置 Kafka Streams 应用程序

在某些时候，无论是在开发中还是在更新代码之后，都有可能需要重启 Kafka Streams 应用程序并重新对数据进行处理。为此，Kafka Streams 在 Kafka 安装路径的 bin 目录下提供了一个 `kafka-streams-application-reset.sh` 脚本。

该脚本有一个必需的参数，即 Kafka Streams 应用程序的应用程序 ID。该脚本提供了几个选项，但简而言之，它可以将输入主题重置为最早可用的偏移量，将中间主题重置为最新的偏移量，以及删除任何内部主题。注意，在下次启动应用程序时，需要调用 `KafkaStreams.cleanUp`，以删除以前运行时的任何本地状态。

A.9 清理本地状态

第 4 章讨论了 Kafka Streams 如何在本地文件系统中存储每个任务的本地状态，在开发或测试期间，或者迁移到一个新实例时，你可能想清除以前所有的本地状态。

要清理以前的任何状态，可以在调用 `KafkaStreams.start` 方法之前或者在调用 `KafkaStreams.stop` 方法之后调用 `KafkaStreams.cleanUp` 方法。在其他任何时候调用 `cleanUp` 方法将会导致错误。

附录 B　精确一次处理语义

Kafka 在 0.11.0 版本达到了重要里程碑——精确一次处理语义。0.11.0 版本之前，Kafka 的投递语义被描述为至少一次或至多一次，这取决于生产者。

在至少一次投递的情况下，代理可以持久化一条消息，但是在将确认信息发送回生产者之前遇到了错误，假设生产者配置了 `acks="all"`，并且配置了等待确认的超时时间。如果生产者被配置重试次数大于 0，那么生产者将会重新发送该消息，并不知道先前的消息已被成功持久化。在这种场景下（虽然比较少见），重复的消息将会被投递给消费者——因此称之为最少一次。

对于至多一次的情况，考虑当生产者被配置重试次数为 0 的情况。在之前的示例中，有问题的消息只会被投递一次，因为不会重试。但是如果代理在可以持久化消息之前遇到了错误，消息将不会被发送。在这种情况下，以接收所有消息来换取不接受任何重复数据。

使用精确一次语义，即使在生产者重复发送一条之前已持久化到主题的消息的情况下，消息者也将精确地接收一次消息。要启用事务或生产者精确一次处理，需要配置 `transactionl.id`，并调用几个方法，如下面的示例所示。另外，使用事务产生消息的步骤看起来很熟悉。注意，下面的节选并不是独立的，仅是为了突出显示使用事务性 API 实现生产和消费消息所需的步骤，节选代码如下：

```
Properties props = new Properties();
props.put("bootstrap.servers", "localhost:9092");
props.put("transactional.id", "transactional-id");
Producer<String, String> producer =
  new KafkaProducer<>(props, new StringSerializer(), new StringSerializer());

producer.initTransactions();          ◁── 设置 transactional.id 时，
                                           需要先调用该方法
try {
    // called right before sending any records
    producer.beginTransaction();

    ...sending some messages

    // when done sending, commit the transaction
```

```
      producer.commitTransaction();

} catch (ProducerFencedException | OutOfOrderSequenceException |
➡ AuthorizationException e) {

    producer.close();
} catch (KafkaException e) {

    producer.abortTransaction();
}
```

对于任何不可恢复的异常，
唯一的选择是关闭生产者

对于其他任何异常的处理
方式是中止发送并重试

要在事务中使用 KafkaConsumer，只需要添加一个配置，如下：

```
props.put("isolation.level", "read_committed");
```

在 read_committed 模式下，KafkaConsumer 只读取已成功提交事务的消息。默认设置是 read_uncommitted，该模式返回所有的消息。非事务的消息不管是哪种配置的设置都会被检索到。

对 Kafka Streams 来讲，精确一次语义的影响是一个巨大的胜利。通过精确一次或事务，可以保证通过拓扑的记录被精确处理一次。

要使 Kafka Streams 精确一次处理消息，需要将 StreamsConfig.PROCESSING_GUARANTEE_ CONFIG 设置为 exactly_once，该配置的默认设置为 at_least_once 或非事务性处理。通过这个简单的设置，Kafka Streams 可以处理执行事务性处理所需的所有步骤。

这里快速对 Kafka 的事务性 API 做了概括性介绍，有关更多信息请查看以下资源。

- Dylan Scott, *Kafka in Action*。
- Neha Narkhede, "Exactly-once Semantics Are Possible: Here's How Kafka Does It," *Confluent*, June 30, 2017。
- Apurva Mehta and Jason Gustafson, "Transactions in Apache Kafka," *Confluent*, November 17, 2017。
- Guozhang Wang, "Enabling Exactly-Once in Kafka Streams," *Confluent*, December 13, 2017。